重庆母城建筑口述丛书Ⅱ

名城有遗韵 渝州泛流辉

渝州泛流辉
重庆城市的未来

THE OUTLOOK OF CHONGQING CITY'S FUTURE

THROUGH ITS ARCHITECTURE

图书在版编目（CIP）数据

名城有遗韵 渝州泛流辉 . 2, 渝州泛流辉：重庆城市的未来
/《名城有遗韵 渝州泛流辉》编辑委员会编著 . -- 重庆：重庆
出版社 , 2021.12
    ISBN 978-7-229-16403-4
    Ⅰ . ①名… Ⅱ . ①名… Ⅲ . ①城市规划－研究－重庆Ⅳ .
① TU982.271.9
    中国版本图书馆 CIP 数据核字 (2021) 第 270025 号

名城有遗韵 渝州泛流辉
渝州泛流辉：重庆城市的未来
MINGCHENG YOU YIYUN YUZHOU FAN LIUHUI
YUZHOU FAN LIUHUI : CHONGQING CHENGSHI DE WEILAI

《名城有遗韵 渝州泛流辉》编辑委员会 编著
戴 伶 策划主编

责任编辑 : 吴芝宇
责任校对 : 刘 刚
装帧设计 : 赵远梅 屈 莎

重庆出版集团
重庆出版社 出版

重庆市南岸区南滨路 162 号 1 幢   邮政编码 :400061   http://www.cqph.com

重庆新金雅迪艺术印刷有限公司印制
重庆出版集团图书发行有限公司发行
E-MAIL:fxchu@cqph.com   邮购电话 :023-61520646
全国新华书店经销

开本 :787mm×1092mm   1/16   印张 :22   字数 :400 千
2021 年 12 月第 1 版   2021 年 12 月第 1 次印刷
ISBN 978-7-229-16403-4
定价 :596.00 元

如有印装质量问题，请向本集团图书发行有限公司调换 :023—61520678

重庆母城建筑口述丛书②

名城有遗韵 渝州泛流辉

渝州泛流辉

重庆城市的未来

编辑委员会

主　任：陈大奎

副主任：戴伶 彭洪森 赵元政 卢朝康 李虹 张健 刘恩梅

委　员：黄晓东 李少华 孙俊 张锦波 陈勇

　　　　潘静 戴柯 余水 王远凌 张真飞

主　编：戴伶

副主编：孙俊 李勇 刘红 刘英 隆准 陈岩 潘静 王远凌 张真飞

统　稿：黄晓东

责任编辑：魏文锋 徐晓渝 谭莉 田小禄 陈菲 刘唯一

编　辑：向聪 张小吧 张海鹏 蒋胜男 王可汉 周延 彭婧

校　对：向聪 张小吧

图　片：马力 黄祖伟 冯大伟 蒋胜男 陈长彬 隆冠群

版式设计：屈莎

立意建筑之上
寻味城市魅力

A Taste of the City's Charm From
the Architecture

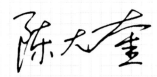

一座城市与其建筑密不可分，如果城市是上演人类事件的剧场，凝结着既往的历程和情感，那么建筑则为它们留下了形式与痕迹，呈现着关于历史的记忆和城市未来的潜在记忆。由此，每座城市都将成为一个独有和特殊的地方，而众多的建筑则赋予它以别样的氛围和形式，也正是这些景象呈现了一座城市的文化气质。

由政协重庆市渝中区委员会编辑的《渝州泛流辉》文史资料专辑，是"重庆母城建筑口述丛书"第二辑，不再局限于挖掘重庆母城代表性建筑的口述历史，我们从建筑出发，向城市进行延展，关注城市聚落的拓展和特色空间的优化，关注近几年重庆城市建设发展中的热点话题，旨在让阅读者从字里画外，管窥建筑、建筑师、管理者的城市态度。

自推出《经典越千年》《名城有遗韵》之后，建筑口述历史以更开放的态度，邀请除建筑师以外更多的社会角色，参与城市与建筑话题的探讨。毕竟建筑不仅是城市中可见的图景和各种建筑的总和，而且也是一个历经时间去形成城市的建构过程，所以自重庆母城建筑口述历史推出以来，我们也逐步将视野进行延展，突破母城的空间界限，以关注城市扩展的逻辑，聚焦更大范围的建筑和空间……

无论是从飞机上俯视重庆的城区，还是在南山上一览城市全貌，总有一些高耸入云的建筑，定格了我们的眼球，这个所谓的城市天际线，被最适当的描述可能是，由城市中的高楼大厦构成的整体结构，或由许多摩天大厦构成的局部景观。天际线扮演着每个城市给人的独特印象，现今世上还没有两条天际线是一模一样的。天际线话题聚焦重庆的城市天界线不断变化的新高度，试图勾勒一个更加广阔的城市新景观，这些大厦，或立在江北嘴，或是解放碑，或是朝天门，也或是化龙桥。

之后的话题聚焦于城市拓展，城市在长高之后，便是往东西南北四方拓展，清朝末期的舆图，重庆仅仅像一片树叶一样，浮在两江之上。而在最近百余年中，重庆城终于突破围墙的襁褓，先是沿着山脊线往西边发展，随后就突破两江的约束跨江而治，城市或向北，或向西……随着建筑技术的突破和人口的增加，重庆终于成为了川东岭谷地区的特色大型城市。

任何城市都面临着旧城改造的问题，重庆也不例外，关于这个话题的采访，我们挖掘了几代重庆母城——渝中区的改造指挥官的工作经历，在与原住民的对话中感受人民对于幸福美好生活的向往，在对新型城市开发商或运营商的采访中，我们了解商业发展与城市历史文化的有机统一，而这其中还有许多高校学者们的前沿观察。

建筑和城市都是相对显性的话题，在一场关于城市新路径的探索中，我们聚焦这几年重庆城市建设的新亮点——步行空间，这是城市治理和城市建设的新方向，这些由城市山水肌理自然形成的步道、街巷，是连接建筑和城市的微空间，却有着真山城、最重庆的烙印。

为了完成重庆母城建筑口述历史的话题，三年来我们接触了近百位建筑师，这个群体虽是工科生，却有着难得的人文情怀，他们对于建筑设计、城市设计，各有自己的观点或态度，此辑我们专门邀请了7位成渝两地具有代表性的建筑师、设计师，围绕理想的建筑和建筑的理想，表白自己的建筑之路。

当重庆的摩天楼构成的天际线，在十多年间追上了上海或香港的高度；当城市的轨道、地铁列车呼啸着加速融入全球化的快感——当各种硬件在一轮又一轮的高速发展中，跻身中国大型城市行列，重庆并未因此放缓前进的脚步，反而从容地将更大的精力，投入到更高层次、更高质量的发展中去，那就是更关注人的发展，更关注这座城市中居民的获得感、幸福感、安全感。这是重庆体会"以人民为中心、建设人民城市"的创新实践。

在这场伟大的城市建设进程中，无论是"老""旧"小区居民生活的改善，还是山城步道的物理串联，重庆的城市管理者，建筑、规划工作者，都始终在用最接地气的方式，用最务实的态度，认真工作，为实践人人都能拥有归属认同的城市，提供了最坚实的基础。

渝中区政协既是城市建设的参政议政者，也是记录者，建党一百周年之际，再次借力专家学者，编辑出版"重庆母城建筑口述丛书"的第二辑，一如既往地秉承文史资料亲历、亲见、亲闻的"三亲"特色，由亲历者或当事人口述这些话题，并正式出版，以充分发挥文史资料存史、资政、团结、育人的独特作用。

近年来，随着城市建设的有序推进，具有山城、江城特色的重庆城市景观"颜值""气质"不断提升，这座曾经的重工业城市悄然成为国内热门旅游目的地之一。重庆建筑布局、城市空间做得好的原因，是紧扣了国际化、绿色化、人文化、智能化方向。值得一提的是，为做好重庆市城市更新顶层设计，深入实施城市更新行动，闯出新路子、展现新作为、迈出新步伐。

这座魅力十足的山城即将用城市更新的成果赋予人民群众幸福感和区域价值的提升，《渝州泛流辉》将城市和建筑联系起来，具有积极的现实意义和未来价值。

是为序。

目录
CONTENTS

开疆拓土的城市大扩展

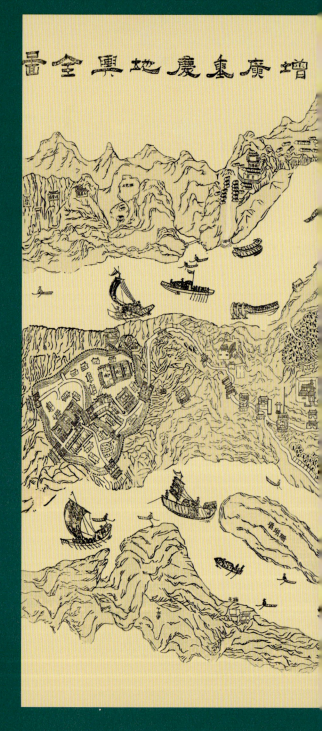

千百年来，每座城市都有自己的生命，从"孕育"到"生长"，从"成熟"到"焕新"，城市生命得以生生不息，其间穿插着城市的扩张与新建。可以说，在不停的新城建设和旧城改造更迭中，呈现了今日的城市。

第一次拓城，于上世纪 20 年代末重庆建市前后到 30 年代抗战之前，重庆从传统的码头商埠向现代城市发展。第二次拓城，于 1937 年底，重庆成为陪都，大量人口和学校、企业、政府机关内迁，重庆城市急剧拓展。第三次拓城，于改革开放之后，重庆城市经济活力和规模快速提升，城市区域开始第三次扩张，石板坡长江大桥、石门大桥建成通车，重庆城市往长江以南和嘉陵江以北加速拓展。第四次拓城，于 1997 年设立直辖市后，重庆城市中心区域原有组团之间开始无缝连接起来，并逐步向西突破中梁山、向东突破铜锣山和南山发展。第五次拓城，于 2010 年两江新区成立后，重庆继续往北、往东、向西发展……

虽然重庆城市一直在拓展，尤其是一直在向北发展，但其城市中心始终未离开过渝中半岛。

文史学者

黄晓东

Cultural Scholar

XIAODONG HUANG

抛开我们不可阻挡的外力，城市拓展的真正动力，来自经济利益的刺激和人们对于美好生活的向往。

重庆地方史研究会副会长、秘书长，重庆中国三峡博物馆（重庆博物馆）文博研究馆员，原重庆市博物馆常务副馆长。

清末时期的佛图关,这是重庆城外的第一道关隘。图片来源 美国卫理会历史相册

Q：近年来,很多外国专著陆续被翻译,其中有不少清末重庆城市的文字,作为重庆近代史研究专家,您认为清末的重庆城具有哪些特点?

A：城市在今天已经成了一个约定俗成的概念,但是过去的城指的是城邦,市指的市场,和其他城市一样,重庆这个地方慢慢从城邦演绎成城邦和市场的结合体。清末的重庆城,是专指城墙范围内的区域。重庆城市历史的发展脉络是很清晰的,我们学术界曾经总结过"三次建都、四次筑城"来概括重庆城的重大历史事件。

5

1899年拍摄的重庆城。陶维新 摄

　　所谓的四次筑城，第一次是公元前316年，秦灭巴蜀，占领江州后，秦国张仪（?—前309）在此筑江州城，这是文献所载重庆最早的筑城记录；第二次是蜀汉时期（221—263），蜀汉都护李严（?—234）自永安还江州，修筑江州大城，据说李严曾在现在渝中区鹅岭附近有筑城活动，主要是扩大了重庆城的规模；第三次是南宋嘉熙年间（1237—1240），为抵抗蒙古入侵，四川制置副使兼重庆知府彭大雅（?—1245）抢筑重庆城；第四次是明洪武年间（1368—1398），重庆卫指挥使戴鼎在旧城基础上重修重庆城。历经四次筑城，近两千年的发展，终于形成了重庆城九开八闭十七门的城垣格局：其中开门九座：朝天门、东水门、太平门、储奇门、金紫门、南纪门、通远门、临江门、千厮门；闭门八座：翠微门、太安门、人和门、凤凰门、金汤门、定远门、洪崖门、西水门。后来，因灾害及自然坍塌，重庆古城垣又经过了多次补修，直至20世纪二三十年代，城市拓展时被拆毁或填埋，城墙逐步退出历史舞台。重庆城墙之所以退出历史舞台，最重要的原因是它跟不上近代城市发展的需求，过去的重庆城，因为踞于半岛的原因，空间非常狭窄，我们在翻阅《巴县志》时，会发现对重庆城的描述，无论是街巷还是建筑，最大的感受就是拥挤，早年进入重庆的西方人也是如此描述的。加上城墙阻隔，根本不能适应现代城市交通的需要。

　　重庆城还有一个非常大的特点，就是因为大梁子（新华路）沿着山脊存在，自然而然地分成上半城和下半城，下半城靠近长江，水路发达，是自然经济比较发达的区域，但是后来随着交通方式的改变，公路交通盛行，上半城反而占了上风。这两个区块在清末时差异非常大。

开埠时期,重庆城内繁华的街道。 弗瑞兹·魏司 摄

Q:作为一个相对封闭的内陆腹地城市,重庆城市怎么开始发展突破的?

A:自明清开始,重庆的商贸越来越发达,可谓是东西南北的货物都在此集聚,嘉陵江的千厮门附近很早就有棉花街、陕西街,外来人口涌入重庆城,重庆城内城外甚至江边都住了很多人,不少靠劳力服务船舶码头的人和城市贫民,就近在江边搭建简易房屋,作为安身之处,我们看到的吊脚楼就是最好的例证。1891 年,重庆开埠之后,许多西方人进入重庆,他们开始在重庆城外的曾家岩等地修建学校、教堂和住宅,这给重庆城向外扩展提供了参考。到了民国初期,随着社会的发展,广东等沿海地区慢慢地拆除城墙,新建市政,在诸多因素推动下,重庆城也开始萌发了向外扩张的力量。

重庆城的拓展,初谋于清末。当时重庆开始实行警察厅制度,希望以此划分出城区和郊区的管理模式。由于清政府政权岌岌可危,并没有得到很好的实践。辛亥革命开始后,重庆成立蜀军政府,之后四川地区进入了长达十几年的军阀混战时期。1921 年,军阀刘

开埠时期，从城墙上俯瞰重庆城市。图片来源 美国卫理会历史相册

湘(1888—1938)成了四川的老大，并指派杨森(1884—1977)执掌重庆商埠督办处。杨森好高骛远，一上来就希望在江北建立新城区，扩大重庆的城市范围，并且计划修一座铁桥连贯现在的渝中区和江北区。因为战事，杨森本人很快退出重庆，他为铁桥在江北修的几公里堤坝，被洪水涤荡得没了踪影。

随后，重庆城头变幻大王旗，每一个占领者都想在城市建设和规划上搞出点名堂，但是可能连规划还没思考清楚，就被迫远走他乡。直到1926年，潘文华(1886—1950)任重庆商埠督办时，重庆城的城市建设和扩张才有了实质性的进展。

Q：从1912年到1949年期间，重庆又经历了哪几次比较大的城市拓展？

A：近代以来，重庆城的拓展建设严格意义上，有两个比较明显的阶段。第一个阶段就是潘文华执政时期，开始了重庆城的第一轮城市建设；第二个阶段，主要在抗战时期，大量人口迁入，重庆城被迫向外延展；日机的狂轰滥炸，加剧了城市空间格局的剧烈变化。

潘文华是个很务实的城市管理者，他主张的城市拓展策略，主要是向半岛西部进行延展、建立新市场的计划。潘文华城市拓展的第一个策略是拆除城门，突破传统城市的封闭形式，方便人员交通和物资流通。重庆城门拆除之前，由于城门非常狭窄，内外通道较少，行人进出十分拥挤，城内交通非常不便，远远不能满足城市发展的需要。把这些城门逐一拆卸之后，重庆城内、城外交通发生了翻天覆地的变化，码头空间进一步延展，人员往来和货物流通更加便捷，重庆商贸再次得到激发。重庆城的拆除和拓城大大地刺激了经济和社会的发展。

附註

1. 本計劃所定邊界及地方界域凡如天然形勢畫集隨地形行不能依街道及大路劃制其市街界限內
2. 凡因市內大街及大路劃制其市區以內

重慶市區擬劃新界草圖

縮尺：五萬分之一

日期：二十八年元月

1939年，国民政府迁建重庆之后，人口激增，重庆市区慢慢跨江发展，市区面积不断扩大。
山城地图局 供图

　　1937年11月，国民政府宣布《国民政府移驻重庆宣言》，为坚持抗战，国民政府迁移重庆，重庆成为中国战时首都。国民政府迁移重庆办公后，军政、文教、工矿业等大批机构涌入重庆，重庆城从战前的三四十万人很快增加到130万人，重庆城被迫向东南西北各个方向延展；同时迁入重庆的还有400多家厂矿企业，这些工厂根本不可能全部集中在城区开工，所以重庆的很多郊区也成了这些工厂的迁入地。

Q：以《九年来之重庆市政》为节点，重庆城市第一轮建设，应该是从 1926 年开始，1935 年结束，这个阶段重庆城市有哪些重要突破？

A：重庆第一轮的城市拓展，主要是集中在老城的西部区域，按照当时潘文华的规划，虽然也涉及南岸和江北县的区域，并在各自区域设置了管理机构，但是效果并不明显，通远门往西的新市场是最大的亮点。新市场，一听就是传统的叫法，所以后来重庆市政府还专门下文改新市场为新市区。

新市区主要涉及三个区域，其实还是依山就势的原则，以枇杷山到两路口的山脊，形成一个自然的分界，南边区域主要涉及菜园坝区。而枇杷山路口以北，又分成两个区，一个是枇杷山附近的区，一个是靠近嘉陵江的区域。为了推动这个新市区建设，主要有两个难题，一个是马路建设，之前重庆都是土路，没有宽阔的马路；另一个是通远门外大量坟茔的迁移，这个涉及许多家庭的传统认知，需要全城百姓齐心协力才能完成。

可以说修建马路是潘文华对重庆城市拓展最重要的举措。按照当时重庆道路的规划，主要有三条大的干道，一是南区干道，起于南纪门，连通菜园坝和两路口区域，这条路虽然修建难度大，但是完工最快。第二条路是中干道，起于临江门，东接城内可到朝天门附近，往西通曾家岩，这条路简直是重庆道路的形象工程，修完之后路灯、绿化等设施也都相应跟上，也成为了重庆最早的公共汽车路线。第三条路是北区干道，这条路的修建非常坎坷，一直到新中国成立前，都还没有完全畅通。前两条道路修建之后，城市交通网络得到极大的改善，路边的土地也成了香饽饽，很多商户开始开设门店，沿线开始热闹起来。

另一个重要举措是完成通远门外坟茔的迁移，当时重庆商埠督办还专门成立了迁坟事务所，制定了多个措施，多方游说城内百姓协助迁坟，最后还不得不借助宗教的力量，在通远门外不远的观音岩建了一个金刚菩提塔，慰藉渝城百姓的内心。

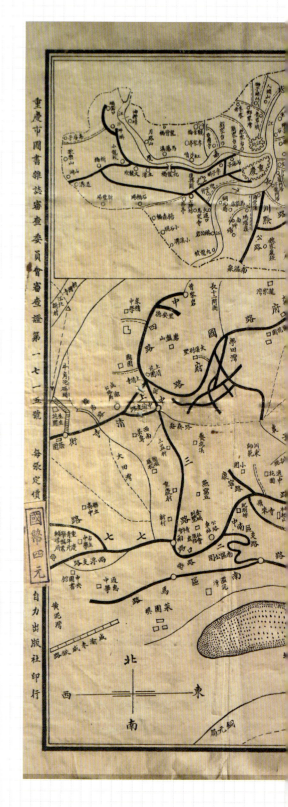

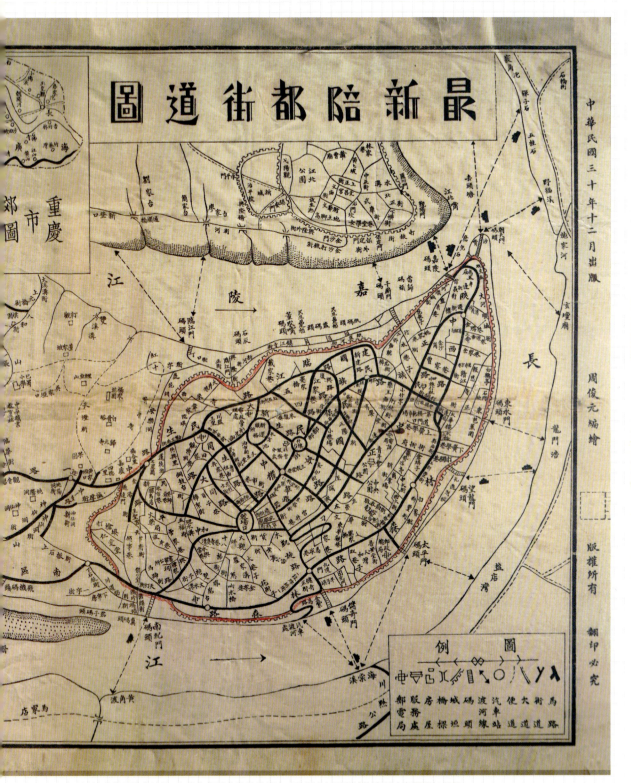

1941年，随着火巷马路的建设，中兴路和凯旋路陆续通车，重庆城上下半城的连通才变得更加顺畅。
山城地图局 供图

11

民国时期，打枪坝水塔是重庆城内的最高点。哈里森·福尔曼 摄

Q：完成了第一轮的城市拓展之后，重庆城市最重要的收益区是哪里？

A：其实，1929 年前后重庆城的规划建设，除了向外拓展以外，还有城内道路、公园等社会设施的提升和改善，自来水厂，发电厂也相继建设，综合提升了重庆的城市形象，从民国时期的游记中可以发现，由早期说重庆的落后慢慢变成了夸奖重庆的时尚和先进。可以说 1929 年到 1935 年，是近代重庆城市建设的黄金十年，无论是规划设计，还是后期的执行，都非常不错，重庆第一任工务局局长、重庆自来水厂的设计者都有海外求学的背景，他们把西方文明带到重庆，提升了重庆的近代化水平。

重庆城市第一轮拓展，不仅仅是城市形象的改变。最重要的收益区，那应该是现在的曾家岩、上清寺和学田湾区域。这里原本是"湖广填四川"一些省的义田，早年居住人口非常少，后来洋人在曾家岩办学校、修教堂，有了一些气象。在重庆新市区的策略既定之后，加上中干道的修通，从临江门到通远门，再到曾家岩，马路宽阔，车来车往，这一区域涌入了大量的机构和有钱人家，在此置办自己的别墅，修建花园。陶园、大溪别墅、适中花园等都是最好的例证，这也为后来国民政府选择在此办公提供了前提条件。

民国时期的求精中学与西部科学院。重庆三代一生文化传媒 供图

Q：抗战期间国民政府迁移重庆，大量人口从全国各地迁来，这给重庆的城市拓展带来哪些重大机遇和影响？

A：抗战首都的吸附力量是重庆城市拓展的重要推动，加快了重庆近代化的历史进程，为城市跨越式发展提供了支撑。当时重庆的城市人口从三四十万很快增至130余万，原本人口居住集中在长江嘉陵江环抱的半岛城市区域，在战争压力下，不断调整旧有的城市构造，逐步构建起防御轰炸的防空洞等，同时，持续不断地向外疏散人口，刺激了周边各个区域的发展。

当时迁建区中有好几个区域比较有特点，第一是位于沙坪坝磁器口的沙磁文化区，那里集中了大量的文化教育机构，民国期间的磁器口，一度从小学到大学都有，可以说是当之无愧的文化区。附近歌乐山的山洞地区，也聚集了很多军政界的重要人物，旁边的土湾，还有豫丰纱厂，至今还留下10余栋别墅。第二个是位于重庆城北边嘉陵江小三峡一带的北碚，当时这里号称是陪都中的陪都，三千名流，寓居北碚。在北碚附近的山林间，入驻了中央地质研究所、地理研究所、气象研究所等机构，复旦大学也在嘉陵江对岸的东阳场新建校址，持续办学多年，很多诸如老舍、梁实秋、林语堂等文人雅士，也都迁建于此。

重庆城长江对岸的南岸也是人口疏散最直接的收益区。抗战期间，重庆轮渡公司已经开始正常营业，每天大量人员往返于南岸和城区之间，沿江有不少的工厂、领事馆和居住区，南山上也异常热闹，成了国民政府高官的聚集地，为躲避敌机轰炸，多个领事馆也迁到南山上，再往南边就是南温泉，那里也有好多个国民政府的机构，加上南温泉休闲度假的效应，民国期间非常热闹。张恨水、沙汀等曾住在这里。

回到重庆城区的范围之内，当时发展比较突出的一个区域是嘉陵新村。由于国民政府在上清寺，当时周边的交通很发达，不远处的嘉陵新村成了政府、军事、经济等机构人员的聚集区。1940年前后，当时国内规模较大的营造厂——馥记营造厂，就在嘉陵新村附近开始房屋开发，当时修的房子理念很先进，不仅房子自身设计比较考究，还有专门的防空洞，所以像孙科、孔祥熙、高显鉴、李根固、陶桂林、关颂声等都居住于此，另外嘉陵宾馆、时事新报社等机构也都在此办公。

Q:在重庆成为陪都之后,专门成立了陪都建设计划委员会,并于 1946 年编制出版了《陪都十年建设计划草案》,这个计划对重庆的城市发展都有哪些积极作用?

A:《陪都十年建设计划草案》是重庆历史上最宏大的规划蓝图,汇聚了大量社会精英的聪明才智,黄宝勋、茅以升、税西恒、卢作孚等重庆历史上声名显赫的人物都参与其中,虽然当时仅花了 80 余日就编制完成,但是却涵盖了战后重庆社会建设的各个方面,为当时的战后陪都重庆的建设,提供了很多有价值的指引,同时也为我们今天提供了很多宝贵经验。

因为战争及其以后的复杂原因,这个草案的很多计划并没有得到实践,但是这并不影响这些计划的价值,比如说当时提出的"有轨电车计划""缆车计划""抗战纪念堂计划""两江大桥计划"等都在几十年之后,我们陆续将其实践,这些超前的规划,很大程度上给新重庆建设提供了不小启示。

草案中得到推动的计划,最出名的当属抗战胜利纪功碑和重庆市下水道的建设。抗战胜利纪功碑的建设可以说是一波三折,当时经过几轮招投标,重庆的天府营造公司中标该项目,但是由于物价上涨,很多材料价格和合同相差甚远,为该项目的建设增加了很多难度,最后上面的四方钟还是纪念碑附近的真原堂捐赠的,重庆解放后,抗战胜利纪功碑被改成了人民解放纪念碑。

草案中的下水道工程是民国期间重庆城市建设的一大创举,当时整合了国内外众多出名的给排水工程专家,分成三期完成了新型的下水道建设,最后这个工程还被编成了一本专著,并作为礼物送给外国友人。整体来说,《陪都十年建设计划草案》的作用是正向的。

Q:民国期间,重庆的城市拓展有着哪些显著特征?到底是什么力量推动了城市的演变?

A:以我们之前说的重庆城两次重要拓展为例,第一次重庆城的拓展主要是因为内力,城市的规模不再符合城市人口和经济的现状,所以自内而外寻找拓展的方向;而第二次重庆城的拓展则不同,更多是因为外力,大量人口的迁徙,让重庆城不得不扩张,而日机的轰炸,更是摧毁了重庆城的原本肌理,人们只能向外寻找更安全的居住空间。两次重要的城市拓展行为,其实催生了很多聚落式城镇结构,而不是像平原城市"摊大饼"式的发展,这和山地城市的地理环境和山水格局密切相关。

抛开不可阻挡的战争等外力,城市拓展的真正动力,还是来自于对经济价值的追求和人们对于美好生活的向往。人们把工厂搬到城市附近,往往是因为看重那里的交通优势;人们在歌乐山、南山建造居所,是因为那里有他们想要的自然环境。

文化学者

Cultural Scholar

ZHIYA HE

何智亚

城市要发展，也要留住根本，传承文脉；

不忘本来，才能走向未来。

祖籍重庆长寿，1978 年考入重庆建筑工程学院。1986 年从重钢四厂调至渝中区从事城市规划、建设、管理工作，2003 年调至重庆市政府机关，从事城市规划、建设、管理工作。2006 年任重庆渝富集团董事长。

现为重庆大学建筑城规学院兼职教授、重庆市历史文化名城保护专委会主任委员、中国摄影家协会会员、重庆市摄影家协会副主席，长期致力于巴渝传统建筑文化的研究与传承工作。

1952 年，成渝铁路通车。重庆市美术公司 供图

Q：新中国成立之后，重庆有哪些重大工程助推了城市的发展？

A：新中国成立后，西南军政委员会驻地重庆，重庆成为大西南政治、经济、文化的中心。当时国家还处于国民经济恢复时期，城市建设百废待兴。西南军政委员会以非凡的气魄，举全市之力甚至于西南之力，在重庆启动了重庆人民大礼堂、大田湾体育场、重庆体育馆、重庆体委大楼、劳动人民文化宫、西南博物院等大型公共建筑。这些建筑在 50 年代实属壮举，至今在重庆乃至中国建设史中仍占有重要地位。

新中国成立初期，重庆最重要的、最大的交通工程是举世瞩目的成渝铁路，重钢为成渝铁路的钢轨生产做出了重大贡献。成渝铁路的建成，为促进重庆、成都和成渝沿线的发展起到了重要作用。

上世纪 50 年代，重庆市政府开始整理城市交通，修建了一号桥，连通了从临江门到大溪沟的北区路。其实这条道路在潘文华任重庆市长期间就开始修建，当时标准很低，直到 1962 年才全线贯通，设计建设标准也得以提升。从通远门出重庆城的中山二路、中

"两杨公路"上的七孔桥。程良建 摄

山三路、中山四路从两路口开始延伸到大坪、杨家坪。两路口到大坪之间有一座旱拱桥叫七孔桥，在当时施工技术和机械设备较的条件下，旱拱桥设计建造难度是很大的。"两杨公路"的修通，促进了大坪、杨家坪广大区域的城市发展。

Q：重庆的两座长江大桥是在什么背景下修建的？它对城市拓展带来了什么作用？

A：渝中半岛两江环绕，水运时代，长江、嘉陵江为城市带来了便利的航运条件。但大江大河也制约了重庆城区之间的联系和发展。从上世纪 20 年代开始，几代重庆执掌者都谋划过建造两江大桥，连通渝中半岛与南岸和江北。潘文华执政重庆时期编撰的《九年来之重庆市政》和抗战胜利后编辑的《陪都十年建设计划草案》，都对修建两江大桥做出了期望和规划。著名桥梁专家茅以升多次参与桥梁设计工作，并试图筹集款项，但终未成功。上世纪 50 年代，重庆再次谋划修建跨江大桥，这次聚焦于牛角沱与对岸的相国寺区域。修建颇费周折，一开始有苏联专家参与，后来苏联专家撤出，只能依赖国内专家

嘉陵江大桥的建成通车，真正打通了重庆向北发展的通路，江北城市中心转移到观音桥区域，成为新的人口和商业的聚集区。

本版图片均来自《见证重庆》影像展

和本土建筑力量来完成大桥建设。直至 1966 年 1 月 9 日重庆嘉陵江大桥通车，才结束了重庆两江城区没有通汽车大桥的历史。伴随着嘉陵江大桥的通车，江北区城市中心从江北嘴转移到观音桥区域，成为新的人口和商业聚集区。

石板坡长江大桥 1977 年开始修建，至 1981 年通车。过去我在位于綦江县三江的重钢四厂工作，每次到重钢公司开会，一早出发，沿途道路坑坑洼洼，年年都在修，中午在李家沱过车渡，下午才能够到达大渡口重钢公司。长江大桥建成后，极大地改变了重庆的交通格局，促进了重庆城区的发展。嘉陵江、长江大桥通车之后，为城市向南向北拓展提供了重要支撑。改革开放后，特别是重庆直辖后，交通建设速度与规模与过去完全不可同日而语。如今，仅重庆主城区就已经建成 33 座跨江大桥，其中嘉陵江上 19 座，长江上 14 座，还有好几座大桥正在建设之中，重庆成为了名副其实的世界桥都。

嘉滨路牛大段建成通车。
程良建 摄

Q：渝中区的两条滨江路是在您的手上完成修建的，请您谈谈滨江路修建过程以及给周边区域带来的发展变化。

A：渝中区滨江路的修建主要与两个原因有关：一是上世纪 80 年代，随着渝中区商贸发展，局促的道路交通无法满足城市生活与商业物流的需求；还有另一个重要原因，过去江边棚户区林立，是城市最脏乱差的地方。为了改变这种面貌，渝中区开始谋划修建滨江路，缓解城市交通压力，改变城区形象。

首先修建的是长江滨江路。从 1986 年开始启动前期工作，1988 年修建 1270 米示范段，1996 年 2 月一期工程（菜园坝到朝天门）竣工通车。嘉陵江滨江路开工晚于长江滨江路。长江滨江路建设由渝中区政府负责，嘉陵江滨江路建设由当时的重庆市城建局负责。一直到 1997 年 2 月，长江、嘉陵江滨江路才全面竣工通车。这两条滨江路加起来长度约 10 公里，前后历时 10 年时间才全部建成，可见当时建设资金的捉襟见肘。当时建滨江路除了资金紧张外，拆迁和建设难度都很大。渝中区两江沿岸过去居住了大量居民，房屋简陋密集，许多地方低于常年洪水位，每次发大水，渝中区政府就要动员机关干部帮助居住在江边的居民搬家疏散。嘉陵江滨江路沿线陡岸和滑坡地带多，在这些地方修滨江路，很多是高架桥，施工难度就更大。

渝中区滨江路的建成，彻底解决了几十年甚至更长时间滨江地段居民的安全隐患和沿江脏乱差的状况，也为全市城区滨江路的建设起到带头示范作用。

重庆直辖后，随着经济能力的增强和城市的拓展，渝中区滨江路开始延伸到李子坝、化龙桥区域。而南岸区、江北区也先后于 1999 年、2000 年开始建设滨江路。如今，重庆临江城区都建设了滨江路，除交通功能外，重庆滨江路已成为最具山城江城特色和城市形象景观的展示之地。

Q：您曾经长期工作在城市建设的第一线，以您的工作经历，谈谈渝中区在重庆直辖前后的城市变化。

A：1997 年重庆直辖之初，为了在较短的时间树立、提升直辖市形象，增强市民对直辖市的信心,切身感受直辖之后的变化,市委、市政府和相关城区于 1996、1997、1998、2000 年前后启动了袁家岗立交、珊瑚公园、解放碑步行街、朝天门广场、大礼堂广场、临江门城市节点改造、八一路美食街,以及洪崖洞、重庆湖广会馆、江北区观音桥步行街、南滨路、北滨路和重庆十大文化设施等重点工程、民心工程。重庆城市建设不断提速,城市面貌日新月异。

从上世纪 90 年代到本世纪初启动和完成的城市重点工程,极大改善和树立了直辖市形象,让广大市民享受到城市发展带来的方便、舒适、愉悦。这是一个令人难忘、令人怀念的时期。

直辖初期重庆的变化主要还体现在渝中区。

首先是解放碑步行街。1997 年 6 月,刚直辖后的重庆市启动了第一个重要民心工程、形象工程——解放碑步行街。当时渝中区为此特别成立了建设指挥部,由区委书记、区长牵头负责,我担任常务副指挥长,具体负责解放碑步行街设计和现场施工。在市委、市政府高度重视下,参建单位通力合作、努力拼搏,仅用 6 个月时间就完成了 24000 平方米面积的解放碑步行街工程建设。

1997 年 12 月 27 日,解放碑步行街举行隆重的建成开放仪式,当天解放碑万人空巷、热闹非凡。解放碑步行街成为重庆市直辖后第一个具有标志性意义的城市形象工程,也成为先于北京王府井步行街、上海南京路步行街的第一条大城市中心区商业步行街。开街当天,涌入步行街的市民那种发自内心的兴奋、激动、感激、好奇和满足,至今还留在我的印象之中。

2000 年至 2001 年,解放碑步行街还进行了拓展建设,向民族路方向延伸,即从五四路口到建设银行、会仙楼、王府井百货一段,长度约 400 米。

1997 年,解放碑步行街建设工程启动。孙须 摄

21

1998 年, 朝天门广场建设现场景象。 魏中元 摄

　　还有就是重庆朝天门广场。解放碑步行街的建成大大提升了年轻直辖市形象,也提振了重庆市人民对直辖市的信心和希望。1998 年初,市委、市政府决定趁热打铁,启动朝天门工程建设工程。1998 年 2 月,市政府任命我为重庆朝天门广场建设指挥部指挥长,主持重庆朝天门广场设计施工组织指挥工作。1998 年 3 月 28 日,在朝天门沙嘴举行朝天门广场开工奠基仪式。经参战单位 10 个月奋战,完成了房屋拆迁、与洪水抢工、广场主体建筑、沙滩整治、环境道路建设、广场景观、广场绿化灯饰等工作。12 月 31 日,朝天门广场建成开放,成为重庆市重要标志性建筑。

　　朝天门广场建筑设计由重庆市煤设院兰京担纲,广场景观灯饰绿化工程由重庆英才景观设计公司刘杰担纲,建筑主体工程由重庆建工集团第三建筑公司承担,市政工程由交通部港航局航务二公司承担,环境景观绿化工程由重庆浩丰景观设计公司担任,爆破工程由 13 军工程建设指挥部担任。

（上）朝天门广场竣工开放当天，涌入了数以万计的市民。（下）夜幕中，朝天门广场的灯火景色迷人。图片来源《永远 朝天门》影像展览

　　1998 年 12 月 31 日下午 5 时，朝天门广场举行竣工开放仪式，广场建设者为朝天门广场开放剪彩。开放仪式结束后，近 10 万人涌入朝天门广场。1999 年，朝天门广场被评为新中国成立 50 周年重庆 10 件大事之一。

　　临江门城市环境综合整治也是改变解放碑地区城市形象的一个重要工程。朝天门广场建成之后，1999 年初我向渝中区区委领导建议启动临江门综合整治改造工程，得到大力支持。工程同样得到了市级领导的肯定和重视，被列入当年重庆市重点工程项目。

　　重庆市设计院李秉奇副院长担纲对临江门城市环境综合整治开始做改造设计。1999 年 7 月 22 日，临江门地下通道工程动工。10 月 21 日，开始拆除临江门天桥。2000 年 1 月 19 日，举行临江门地下通道竣工开放仪式。2000 年 5 月 16 日，临江门二期工程（主要是管网下地、变电站改造、环境景观建设、道路建设等）开工，2000 年 10 月，临江门二期工程竣工。至此，进入解放碑的重要门户——临江门的面貌焕然一新。

改造前的朝天门俯瞰图。何智亚 摄

Q：渝中区是历史文化名城人文展示中心，渝中区体现历史文化名城或者母城文化的代表性建筑您认为是哪些？

A：在渝中区的历史建筑中，湖广会馆是建造年代较为久远的历史建筑，它的修复开放，为重庆历史文化名城增添了历史底蕴和厚重感。因此，湖广会馆应该是渝中区体现历史文化名城或者母城文化的重要代表性建筑之一。2003 年 12 月 28 日，重庆湖广会馆修复工程举行开工典礼，2005 年 9 月 29 日，举行竣工开馆典礼。

湖广会馆保护修复工程从前期呼吁、准备到 2005 年 9 月正式开工，时间长达 7 年多。几年时间里，我和其他专家、市区有关部门对湖广会馆的保护、规划、设计、现场消防安全、房屋拆迁、争取世界银行支持、落实拆迁和修复建设资金、建立重庆湖广填四川移民博物馆等方面，锲而不舍地做了大量工作。在修复工程中，受市委、市政府任命，我有幸担任总协调人，为湖广会馆再现昔日辉煌做出了自己的一份贡献。

Q：哪些富含历史文化元素的区域会成为未来渝中的发展重心？

A：不是某个历史文化街区会成为渝中区的代表或重心，而是所有的历史文化街区和传统风貌区，我们都应该去尊重和均衡发展。

以渝中区十八梯传统风貌区为例。十八梯位于重庆渝中区较场口至守备街，十八梯片区，则包括了周边更大的区域。十八梯是九开八闭重庆城内连接上下半城的重要通道之一。十八梯承载着重庆人太多的情感寄托和记忆。十八梯的市井生活、民俗风情、邻里关系，以及深幽小巷、陈旧老宅、历史地名，无不记载着人们对故城的追忆和浓浓的乡愁。十八梯又是重庆山地城市的典型代表，房屋层层叠叠、高低错落、鳞次栉比，高坡、石梯、老巷、老房、吊脚楼，彰显着浓郁的重庆地方特色。

十八梯是重庆老城进入本世纪后拆迁改造的最大片区。历时几年的拆迁，十八梯6000 多户居民从此告别了没有卫生间、没有天然气、没有正规厨房、不敢用大功率电器，一家几代人挤在仄逼的空间起居、煮饭、冲澡，早晨起来挤公共厕所的生活状况，住上了相对宽敞，明亮，设施设备齐全的电梯房。

白象街旧景。何智亚 摄

　　2016 年 10 月 20 日，杭州新天地集团拿下十八梯 88 亩传统风貌区地块。历经 5 年时间建设，十八梯传统风貌区于 2021 年 9 月 30 日开放。层层叠叠、鳞次栉比、高低错落的建筑，适宜的室间尺度，传统的建筑工艺和造型，使十八梯山地建筑的特色风貌和美感得以展现。仅 2021 年国庆节期间，十八梯传统风貌区就接待了 100 万人次的游客。

　　像十八梯这种包罗折射了重庆城市气息、城市形态、城市个性，以及人文风情、市井民俗、社会百象的街区应该得到应有的重视。渝中区的山城巷、戴家巷、白象街，马鞍山、老鼓楼遗址等，都是富含历史文化元素的区域，都会成为体现母城文化的重点区域。

　　城市要发展，也要留住根本，传承文脉；不忘本来，才能走向未来。希望那些关乎城市特质与地域文化的街区、建筑、文物，在城市发展和城市更新中应该得到更好的保护和维系传承，尽可能满足人们对生活、文化的需求与审美情趣，彰显重庆城市特质，延续地域文化，让重庆历史文化名城焕发出新的生机与活力。

工程师
Engineer
HAIPENG ZHANG

张海鹏

曾经山和水限制了重庆的发展，然而，在建设生态文明的现在，山水却是我们独有的资源，是重庆之所以成为一个魅力十足城市的关键。

重庆市地理信息和遥感应用中心八二四研究所所长，高级工程师，毕业于四川大学历史地理学专业。兼任中国地图文化创意产业联盟副秘书长，重庆市地理学会地理文化专委会主任委员，为地图文化、历史地理、区划地名、文化旅游及社科普及等多个领域专家库成员。

地图文化领域青年专家，十多年来致力于从事地图文化研究与跨界应用创新，主持"每周一图"、八二四研究所、重庆地理地图书店、重庆地图文化馆等多项地图文化创新工作，在行业内产生了积极影响。同时，以地理思维推动地图应用与文化创新，强调以地图全面发现地方之美、以地图深度解读城市内涵，主持推出《这里是重庆——每周一图地图集》，以全新的视角、崭新的设计被誉为地图版的"重庆百科全书"。

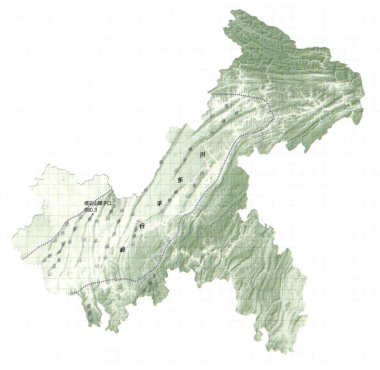

川东岭谷。重庆地理信息与遥感应用中心 供图

Q：关于城市形成原理的探索，一直有"地理决定论"的提法，作为重庆历史和地理方面的双重专家，请给我们科普一下重庆中心城区的山水资源和地形地貌的主要特点。

A：大家都知道重庆处在我国四川盆地的东南边缘，处于盆地向盆地周边群山地过渡的一个地带，这就造成了它独特的地理空间格局。我们管它叫"平行岭谷"，用地质学的术语来讲，叫褶皱山系。

世界上有几大著名的褶皱山系，比如北美洲的阿巴拉契亚山，安第斯落基山，当然也包括我们重庆还有川东地区的盆东平行岭。三大褶皱山系里，能够真正称得上叫平行岭的，或者能够构成这种平行岭谷地貌结构的，只有以重庆为主的这一区域。为什么呢？因为一般的褶皱山系，山和山之间的距离很窄，谷很深，中间的谷地无法进行大的城市选址和建设。但是重庆跟所有的褶皱山系都不一样，每条山之间有宽阔的谷地，一般都是几公里到十几二十公里宽。这样的谷地足够选址建设我们的城市，尤其是特大城市。这就是重庆最大的一个自然资源，也是在世界上独一无二的一个特色地理优势。

除了山地空间格局这个资源之外，重庆的山水资源也是跟平行岭谷密切相关。重庆有两江、四山，所谓的四山其实也是平行岭的一部分，是位于重庆中心城区最主要的四条平行岭。而两江跟四山的结合，又为重庆带来了什么样的资源呢？这也很特别。大家知道重庆的山是南北走向，但是长江和嘉陵江是东西流向，它们必定就会发生这种碰撞切割，两江把我们的一系列平行岭切穿了之后，就形成了一个一个的峡，所以我们重庆有很多三峡，比如城区就有嘉陵江小三峡、长江小三峡。

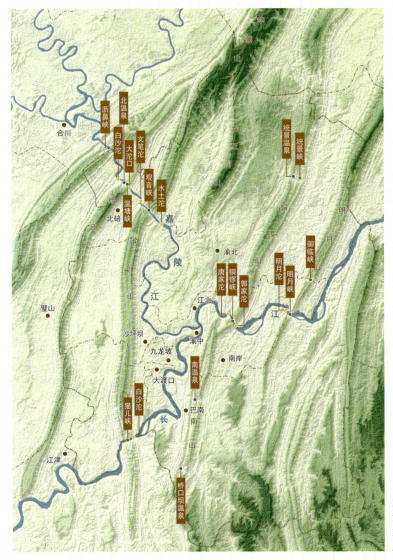

北温泉
沥鼻峡
白沙沱
大沱口
文笔沱
观音峡
水土沱
温塘峡
统景温泉
统景峡
铜
明
月

合川
绦
北碚
中
梁
山

璧山

沙坪坝
九龙坡
大渡口

白沙沱
猫儿峡

江津

唐家沱
铜锣峡
郭家沱
渝北
御临峡
明月沱
明月峡
江北
渝中
南岸
南温泉
巴南
巴南山

桥口坝温泉

嘉
陵
江

长
江

重庆平行岭谷山水资
源分布图。
重庆地理信息与遥感
应用中心 供图

大家再仔细观察，峡里边有什么？峡里面有温泉。重庆有东温泉、北温泉、南温泉、统景温泉等，大家熟悉的这些天然温泉，全部在峡谷里。北温泉在温塘峡，东温泉在五布河的峡谷，南温泉在花溪河切南山的峡谷。从地质学来讲，温泉就是水把背斜（注：岩层发生褶曲凸起的部分）切断后，地热水就从构造里出露到了地面。由此可见，山水给重庆带来的又一个资源，就是我们的温泉。

这一系列的资源，给我们这座城市带来了什么呢？我认为它塑造了这座城市独一无二的山水特色。我们现在讲重庆叫"山水之城、美丽之地"。它的特别之处，就在于山水带来的这一系列延伸资源，如峡、泉、沱等。这使得重庆与其他城市区分开来。

其实有山有水的城市很多，比如贵州，但贵州跟重庆就是不一样，无论是空间尺度，还是空间结构、山水资源，都完全不一样。

嘉陵江小三峡中的"八桥叠翠"。秦庭富 摄

Q：我们这种独特的山水资源和地形地貌，对城市发展、城市拓展有什么样的影响？

A： 这还得回到平行岭和两江四山上来。因为两条江是东西向横切，四条山是南北向纵列，我们的中心城区，就在这样的山水结构之中，所以注定了重庆是一个多中心、组团式的城市。山和水将我们的城市分成了很多块，所以我们注定了不会像成都那样。

成都处在成都平原上，成都平原在龙泉山和龙门山之间，它是有很多水，但它是小水。小水对城市拓展的影响比较小，稍微架一个桥就跨过去了，但是重庆不一样，重庆是大江大河，架桥很难，尤其是以前工程技术没那么先进的时候，修一座桥那是几代人的梦想。

另一个制约因素是山。山直接阻挡了城市的延伸和拓展。同样类比成都，成都可以像摊大饼一样，无限地摊，尤其是往南北，它没有什么山阻挡。往东发展有龙泉山，但龙泉山和龙门山之间有足够宽的地带可以拓展延伸。而重庆不一样，重庆的平行岭之间是谷，只有十多公里，窄的地方还不到十公里，这就注定了这个城市连片的区域不会很大，尤其是东西连片的区域。翻山不能，就只能往南北拓，但是又会遇到江，两条江也把地域的延展隔断了。

以上就是重庆城市发展过程中，山和水对它的一个影响。我们原来把这叫限制，"限制"是一个贬义词，但是现在我们再来看，在建设生态文明的时代，山水也是它的资源，也是重庆之所以成为一个魅力十足的城市的关键。

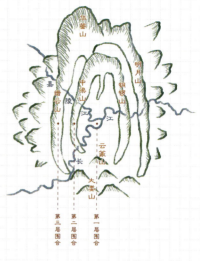

重庆早期城市主要集中在中梁山与铜锣山间的狭长地带。
重庆地理信息与遥感应用中心 供图

Q:从地理学的角度来说,为什么重庆早期的城市在渝中半岛这样一个狭长的区域呢?

A:从地理学来讲,古代城池的选址,一般有几个考虑。第一个考虑首先是安全,我们看渝中半岛,三面环水,只有西面是连接陆地,但是这个连接区域狭长,尤其是鹅岭那段非常窄、非常陡,两边都是陡崖,中间有一条路,从山顶穿过,我们叫佛图关。这是唯一的陆路通道。其他三面环水,临水的地方是高崖,这样就有安全上的优势,便于军事防守,还可以抵御天然灾害,比如洪水来了,淹不到上面。

第二个是交通,因为重庆山多水多,尤其是山多,传统的农耕业不发达,但是它交通地位又特别重要,处在整个四川盆地西南边缘,控制着整个四川盆地的水口。古代人们要往东边去,都要经过渝中半岛,它守住了这么一个重要的区位,渝中半岛成为最早的城池选址,自然也得益于交通上的优势。

在历史上,整个嘉陵江上游一直到甘肃、陕西的资源,长江上游以及支流上游的赤水河,云、贵、川这些资源都通过这两条江源源不断地运到重庆来,再通过重庆出三峡运出去。出峡之后,甚至进入更广阔的太平洋,进入到世界商贸的体系当中,所以重庆选址的第二个资源就是水运的优势。

回到今天,现在国家定位重庆是内陆开放高地,实际上在古代,重庆也是内陆开放高地,面向整个东部市场,1891年重庆开埠之后,它就开始面向全球的市场了。

Q：近百年来重庆城不断向外扩展，从传统城市慢慢向现代城市转变，每一次扩展有哪些主要的特点？这些特点形成背后的成因是什么？

A：重庆设市是在1929年。在1929年之前，从1921年开始，重庆整个城市已经开始发生一些现代化变化，比如拆城墙、规划马路，到1929年设市之后，整个城市的拓展或者近代化的进程迅速加快。

九开八闭十七门围合的重庆古城，原来的面积只有2.4平方公里，这是实际复原之后测量出来的。大家可以想象，这是非常小的，里面非常密，街巷肌理特别紧凑。而近代城市发展，要接纳大量的外来人口，尤其是进城的人口，老城区肯定展不开，就要修公路、拓新城区，这就是整个城市拓展的第一个阶段，沿着通远门往西，往现在的两路口、上清寺一直到过了佛图关，往化龙桥、磁器口这一方向，向西发展。

为什么说是往西发展？因为它往南，往北都是江，当时重庆没有技术修建跨江大桥，所以最简单的就是往西拓展。一直到上世纪30年代、40年代，尤其是抗战开始之后，大量西迁的下江人迁到重庆来，需要安置的地方，大大加快了城市近代化西拓的步伐。

因为重庆的水路优势，当时一系列内迁的工厂，沿长江、嘉陵江，在南北两岸来选址和布局，也一定程度上促进了江北、江南沿江带状的发展。

新中国成立之后，尤其是60年代，重庆修了嘉陵江大桥，就把渝中跟观音桥连起来了。然后，城市往北拓展，这个速度就加快了。80年代初，长江大桥的修通又把南岸连起来了。

上世纪90年代，随着长江、嘉陵江城区段跨江大桥的增多，重庆城市南北拓展的力度更大了，但是仍显不够。重庆直辖之后，城市继续往东西发展，这次不同于以前的发展格局。

这一轮城市拓展，往东遇到铜锣山、南山，往西遇到了中梁山，就面临翻过这两座山的难题。之前是从山上绕下去，速度又慢，也不够安全，交通的效率影响我们对城市的拓展。在这种背景下，大家就想了一个办法——打隧道。通过一条条隧道，把几条平行岭之间的几块谷地串联起来，而且是快速地串联。

当时，打隧道的技术难度、工程难度还是比较高，尤其是当时我国的盾构机技术还没跟上，基本都是靠进口设备，所以当时主要是用炸药。近十多年，我们自己的工程技术、工程机械水平都飞速发展，现在我国已是世界上最大的盾构机生产和出口国，盾构机这个问题解决了，隧道很快就解决了。

大家现在看到连接中部的谷地跟东谷、西谷之间的隧道非常密，基本上每年都有新通的隧道，这样就越来越紧密地把几个谷地联系起来了。西部谷地，就是中梁山和西边的缙云山之间，大学城也就是现在的科学城区域越来越成熟；东部谷地，就是铜锣山、南山往东跟明月山之间，北面龙盛、南面广阳湾片区也快速发展起来了。

可以说，整个城市发展的脉络主要就是这三个阶段。

在打破平行岭谷的桎梏后，形成了多个城市组团，图为发展迅速的蔡家组团。秦庭富 摄

Q：现在西部比较大规模开发了科学城，江津、北碚都有相应的科学城的分城，下一轮城市扩张会不会呈现城市向西的趋势？

A：应该说城市向西肯定是一个主流趋势，但是否完全向西，是否所有的资源集中往西？这个倒未必。为什么这两年大家关注高新区？因为高新区尤其科学城这块算是一个新事物，在整个成渝地区双城经济圈大势下，重庆在空间上为了把整个主城都市区的这块资源与四川对接连通好，就在西边画了一个圈，来做我们的科学城。

为什么叫科学城？重庆也认识到科研这块对城市高质量发展的重要性。原来这是一个短板，现在要补这个短板。目前，重庆在那边也引进了很多重要的科研设施，包括一些国家级的大科学装置，这些都是跟两江新区、经开区有一定的差异化，也是城市均衡化发展的一个体现。

Q：近年来，重庆在主城区的基础上提出了中心城区的概念。从地理和城市关系，请您给我们介绍一下中心城区的理论支持和背后的实际意义。

A：成渝作为国家战略中定位的第四极，成渝地区双城经济圈的打造，必然是围绕"双城"这两个中心、极核来发展、发力。无论是重庆还是成都，在进行发展规划时，都必须首先把自身纳入到成渝一盘棋这个大格局之下进行考虑，这样才能与国家的战略意图和现实相契合。

　　重庆中心城区这一概念的提出，正是这一理念的体现。从原来的"主城区"到现在的"中心城区"，就是从"主体"到"中心"的变化，反映的是重庆城市发展空间思路的变化。在成渝协同发展、相向融合的过程中，双核肯定是中心，但同样需要一批具有较强支撑力、能在成渝大局中承担不同功能的中小城市，来推动整个区域的协调发展。因此，重庆提出了主城都市区的概念，作为向西对接四川、向东牵引市域其他区域的国土空间，并按功能定位对其划分了5个层级，即"两江四岸"核心区、中心城区（原来的主城区）、4个同城化发展先行区、4个支点城市、4个桥头堡城市，不同层级的城市只是承担、发挥的功能不同而已，大、中、小城市各具特色与优势，且同样不可替代，而不再是原来的"主体"与"非主体"的关系。中心城区和区县城区的关系，不再是原来主要从空间体量上强调"主体""非主体"的区别，而是更加强调功能互补、协调，尤其是各自在重庆市域和整个成渝地区双城经济圈中如何发挥好作用、发展好自己。

　　同时，伴随着"中心城区"与"主城都市区"的提出，反映的也是整个城市能级的变化。重庆城市发展从"主城区"时代迈入发展空间更广阔、内部功能更完善、对外与四川融合更密切的"主城都市区"时代。重庆，这座西部唯一的直辖市和超大城市，将对区域乃至整个西部的发展产生更强劲的带动力。

　　一句话概括，"主城区"这一概念已不符合重庆当下的发展思路，"中心城区"也就应运而生了。

建筑一定会留下时代的痕迹，哪个年代的建筑，就会有哪个年代的特性，建一个新城，不仅需要资金，还需要时间、情感和良心持续的投入。我们的项目推进很慢，旨在预留更多的发展空间，期望与城市同步，以一个区域的兴建参与城市局部空间运营。

重庆中渝物业
有限公司总裁

曾维才

President of
Chongqing Zhongyu Property Co.
WEICAI ZENG

出生于重庆，1968 年四川省建筑材料专科学校毕业。1984 年下海经商，1992 年从香港回渝，专注房地产开发、物业管理及商业管理。担任香港中渝实业有限公司总经理，重庆中渝物业发展有限公司总裁。先后建设"山顶道"、"爱都会"、"国宾城"、"新光天地"等项目，房屋竣工总面积 400 多万平方米。曾获"全国归侨侨眷先进个人"、"中华爱国之星"等称号，所建项目曾获"重庆第一家全国优秀物业管理小区"、"詹天佑奖优秀住宅小区金奖"等殊荣。

加州花园，重庆最早的房地
产项目之一。
重庆中渝物业 供图

Q：作为老市中区（今渝中区）的人，您小时候对于这个城市有什么印象？

A：我小时候生活在市中区（今渝中区），读书在沙坪坝的歌乐山，充分感受了重庆交通的困难，公交车又挤又破，遇到大热天，尘土飞扬。

但是也感受到重庆的另外一面，因为重庆是长江上游的大通商口岸，所以这里经济比较发达，有专门的海员俱乐部，小时候印象最深刻的还是大众游艺园，买张票进去，可以从白天耍到晚上，白天有各种各样的游乐设施，晚上还有露天电影。

我工作的时候，在南岸玛瑙溪的重庆水泥厂，那时候长江大桥还没有修通，上下班只能依赖轮渡。但是后来我进入侨办系统，慢慢接触到外贸。再后来我下了海，也曾一度长时间生活在香港。但我对于重庆是充满感情的，当遇到招商引资的契机，就自然而然再次回到了重庆的怀抱。

刚建成的加州花园是重庆最早的整体开发片区。重庆中渝物业 供图

Q：上世纪 90 年代，中渝置业怎么会舍近求远，开发现在的加州片区？

A：这得从我们接触房地产业开始。从香港回到重庆的时候，我主要还是在经营外贸，一次偶然的机会接触到房地产，我们决定和当时建委下面的住建公司合作，开发现在的太平洋广场。当时的合作方式还比较粗略，我们出资金，住建公司出地，交通银行出一部分钱，很快就开发好了这个楼盘。这个楼盘就在上清寺附近，本来我们周边预留了很多绿地，后来因为道路扩建的缘故，被切割了不少。修成之后，我们还预留了一个临时建筑，做了重庆的第一个保龄球馆。这个时尚的运动，在重庆一度风行，是很多人的青春记忆。

开发完这个项目之后，我们偶然得知重庆市规划局有一个对于北部区域的规划，其中在现在的加州片区计划要建成一个 5 万人左右的小城镇。我们觉得这是一个机会，于是就开始和规划部门多方接触。最后我们决定干脆将这二千多亩地一次性拿下，但是当时作为港资企业来投资，在政策上还比较受限，于是规划局找到深圳的一个样本作为理论依据，这才有机会让我们成为内地第一家土地成片开发的港资企业。

拿下这个地块之后，我们才知道这里叫龙溪镇，当时周边十分荒凉，待开发的地块大多为自然农田，有少部分农房散户，其中农业人口仅 1000 多人，在地块的南端，还有一所龙溪职业学院。记得一个比利时的规划设计师在飞机上给我们拍了一张照片，记录下了开工前的周边现状，和今天繁华的周边状况比较起来，完全是翻天覆地的变化。

龙溪孝节牌坊，"新牌坊"地名的来源。重庆中渝物业 供图

修建中的新牌坊转盘。
重庆中渝物业 供图

过去的江北县,在重庆直辖后,调整为现在的渝北区。 许可 摄

连通到江北机场的210国道为重庆城市空间拓展打下了基础。
许可 摄

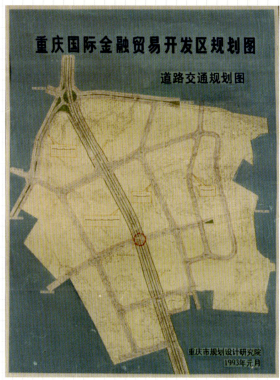

重庆国际金融贸易开发区规划图。
重庆中渝物业 供图

39

90年代的龙溪镇，现在人民大厦、金龙桥的位置。重庆中渝物业 供图

Q：当时的加州片区开发，几乎是新城区的建设，面临哪些主要困难？

A：困难有很多层级，首先是拿到二千多亩地后，我们需要做一个很长远的规划，而当时中国刚刚开始有城市化意识，重庆才起步，根本没有这方面的专业人才，所以我们找了很多国外的专业队伍，来替我们做建筑设计、交通规划、园林景观等。虽然是外来的和尚会念经，但是还是要有本土团队的支持，所以我们所有的规划设计都在重庆市规划设计院进行汇总。

更有意思的是，当时江北县属于四川，并不在重庆的直接管辖范围之内。我们接管土地之后，发现基础设施非常薄弱，连水都没有，只能我们自己请地质勘查队前来打井；电也不够用，我们自己出钱，扩容这个区域国家电网的用电指标，这样才确保了项目推动的基础条件。

就这样在1993年6月26日，我们的一期项目56万平方米得以一次性开工，最多的时候有1万多名员工在工地上吃喝拉撒。当时对于我们外资企业，政府还有一定的戒备心理，十分担心我们的建筑质量，为了解决这个问题，我们还请了专门的质检单位入驻我们工地。

Q：许多年过去了，您认为现在的大加州片区和中渝主导的物业，从规划到呈现，和你们当年的预期是否相符合？

A：城市在发展，技术在进步，加州片区的开发整体遵循了我们在上世纪 90 年代做的规划，交通路网、建筑物业布局都相差不大，只是有的路变宽了，有的路变窄了，有的房子变密了，有的变稀疏了。但是有些地方，和我们的预期还是存在着一定的差异，比如当时政府提出的是"北移东下"，这个地块的规划定位叫做重庆国际金融贸易开发区，但是后来政府把国际金融核心区放到了江北嘴。目前我们这个区域，入驻的金融机构除了人民银行以外，阶段性的只有三峡银行和重庆国际信托。

在 1993 年的重庆市人民政府红头文件重府函〔1993〕59 号上，明确标注"重庆国际金融贸易开发区是以外向型的金融、信息、商贸业为主，集文化、娱乐、购物、旅游服务业为一体的兼有中高档居住住宅，配套完善，环境优美的现代城市发展中心"。今天除了金融中心以外，我们基本实现了上述的定位。而与我们地块直接相关的嘉州路，已经不仅仅是一个地名，更是重庆人民的交通枢纽站和生活密不可分的一部分。

加州花园是重庆第一个有游泳池的小区。重庆中渝物业 供图

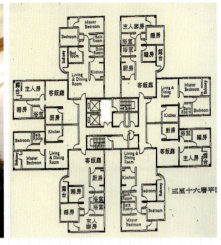

90 年代的样板间和户型图。重庆中渝物业 供图

Q：单从加州花园的建筑本身来说，这个项目在当时，是不是太超前了？

A：从今天看来，加州花园的建筑的确存在超前的概念，但是当时结合我们对于这个地块的整体规划和未来预期，如果仅仅是为了赚钱，我们早就把这二千多亩地建完、卖完了。我们是在有序地推动项目本身，我们请全世界优秀的设计师来参与这个项目，也仅仅是为了确保这个项目的高品质。

在我们档案馆里，早年的户型图上还有外国设计师参与设计留下来的手稿。我们也是重庆第一个提出精装房概念的开发商，那个时候我们对于门窗、门锁等，都有自己的品牌要求，这些前期的付出，对今天来说仍然是有价值的。比如我们当时很早就提出来雨水和污水分流，在暴雨常出现的今天，加州花园现在的排水沟依然受用；1995 年，加州花园开始陆续入住，当时的小区我们就配套了学校，还有网球场、游泳池等运动设施，并且培植了大量的绿地，在今天看来这些都不过时。

而且我们一直还注意管网下地这些细节，给小区品质的保障预留了很多空间。为了对接未来海量的停车场和公共交通的需求，我们"新光天地"项目，设计了大量的停车场，并且早就为轨道交通预留了出口。

Q：加州片区开发已经有近三十年的时间，这个片区是否有城市更新（社区更新）的需求，如果有，你们计划怎么做？

A：前几年，加州花园就曾发生了一起意外的"火灾"事件，这个事情也引起了我们的高度注意，毕竟加州花园的老房子已经有二十几年了，当年我们在建造的时候，很多技术还不成熟，比如还不能实现现在通行的"一户一表"，当年的电梯也已经逐渐老化。

最近这两年我们也是该出钱的出钱，该出力的出力，全面支持政府的老旧社区改造工作，努力保障老加州花园居住户的权益，我们自己的物业管理公司一共 1200 多人，都经过严格训练，他们的辛苦付出，都在为老社区的居住环境、安全等提供保障。

早年的房地产交易会。重庆中渝物业 供图

新光天地。图虫创意 供图

Q：这几年加州片区新增了"新光天地"这些项目，让这里有了新动力，未来你们如何持续保持整个片区的活力？

A：虽然我们对于大加州片区，早就有一个相对完善的规划，但是我们知道建筑本身一定会更新换代。所以二十多年来，我们有序地进行产品的升级换代，从最初的加州花园到后来的加州城市花园，再到国宾城、山顶道、香奈儿公馆、山顶道一号、中渝广场、国际都会、新光天地等，都秉承了中渝物业对于建筑品质的要求。前几年我们开发的山顶道一号，早年站在楼上，还可以俯瞰到渝中区的朝天门。

在开发新光天地这个大型商场时，我们再次请国际专家把脉，让北京市建筑设计研究院和日本株式会社日建设计做主导，目的只有一个，做有生命力的建筑产品和空间。现在新光天地不仅是一个核心商圈，同时也是商政中心、居住中心。它还是交通枢纽中心，在 B1 层的"美丽市场"，可以直通重庆轨道交通 3 号线的嘉州路站；距离新光天地东西南北侧的各个大门 100 米内，一共有 4 个公交车站，涉及线路 48 条；地下二层至五层一共 5200 个停车位。

作为一个参与者、旁观者，我见证了改革开放中众多外资企业服务于城市发展和对外交流的历程。在重庆这片热土上，需要更多像中渝公司这样有良知的企业，他们的积极参与，会给这个城市增加更多的活力。

重庆女性人才研究会会长

邹小平

XIAOPING ZOU
President of the Women's
Talent Research Association

1952年生于北京，西南师范大学经济与管理学院研究生毕业。曾任重庆口岸管理办公室副主任、主任；重庆招商引资办公室常务副主任；重庆对外贸易和经济委员会副主任；重庆市贸促会会长；重庆市政协港澳台侨外事委员会副主任。现任重庆女性人才研究会会长。

机场转盘立交。江北机场的落成投用极大地促进了城市向北发展。 重庆机场集团 供图

Q：江北国际机场的修建是否是重庆城市向北的重要引擎？

A：可以说江北机场的修建，释放了重庆城市向北发展的重要信号。在 1990 年重庆江北机场正式投入之前，重庆的对外交往，人流、物流、信息流受内陆城市交通不便的阻碍，城市发展显得十分落后。江北国际机场投入使用后，尤其是机场被国家批准为对外国际航空器开放的口岸机场后，国际航线不断增多，往来重庆的国内外宾客越来越多。

Q：通往机场的 210 国道建设，中渝公司做出哪些事？

A：中渝公司不仅承担了企业应有的使命感，还做了很多有情怀的事情，但凡对这个城市有价值的事情，他们都积极地参与。记得 210 国道建成时是当时全市最值得骄傲的通往机场的通道。但随着对外开放向内陆城市的快速推进，这条路就显得局限了，市政府决定拓宽改建。为支持市政府的决策，曾维才先生解囊相助，不仅将 210 国道两边拓宽需要占用已属中渝公司的土地无条件地让出，还出资支持过道拓宽工程，这条通往机场的道路至今也不落后，后来 210 国道被称之为迎宾大道。

90年代，航拍的机场路和机场大门。连通到江北机场的210国道为重庆城市空间拓展和城市发展打下了基础。重庆机场集团 供图

Q：江北机场国际港口的开通，是不是直接加速了这个城市的国际化进程？

A：这个太明显了，我当时在重庆市政府口岸办主持日常工作。随着重庆作为内陆开放城市的试点，水港、空港、铁路三个口岸的对外开放迫在眉睫，市委、市政府高度重视。经过努力，水港和空港被国际批准为一类口岸，铁路为二类口岸。空港成为一类口岸后，国际航线增多，境外的商务客人不再中转奔波，提高了工作效率。但是作为国际口岸机场的一些设施还不完备。机场国际厅还缺少贵宾休息厅。曾维才先生出资装修了一间贵宾厅，往来重庆的重要境外客商可以在此休息候机，从而也改变了对重庆的认知。和现在的机场国际厅候机条件相比，那时贵宾厅显得非常简陋，但在当时的背景下却作用非凡。

Q：在那个重庆刚刚开始接触外来投资的时代，还有哪些举措在给这个城市赋能？

A：当我们国际港口开通的时候，重庆机场国际厅还没有一个免税店。第一个免税店的牌照，也是曾维才去申请的，所以说曾维才先生领导的中渝置业是一个非常有意思的企业，它不仅深耕自己的房地产开发领域，开发加州花园等一些项目，还积极服务于城市扩大对外开放和营商环境的完善提升。

记得90年代，来自境内外的客商越来越多，这些人的娱乐生活相对单调，这个时候曾维才先生辟了一块空地，修建了重庆第一个保龄球馆，那里很快成为众多外来人士休闲、谈事的场所，这些事情虽然不大，但是在某种程度上，都是对重庆投资环境的优化。

Q：您怎么看待中渝置业对于重庆城市发展的贡献？

A：中渝公司是一个非常有良知的企业，其实它不仅仅服务于城市的建设，还对重庆的经济发展做出了很多贡献。上世纪90年代，当时政府需要时，曾维才先生毫不犹豫，将自己的近4000万股的渝太白股份无偿转让给市政府，为地方经济的发展尽一份绵薄之力。

前几年，为了提升城市建设的水平、档次，与党中央、国务院赋予重庆的地位相匹配，曾维才先生放弃了很多次赚快钱的机会，将几个重要地块"深闺待嫁"。台湾新光三越是一家在国际市场上小有名气的商业企业，而重庆也缺少高端消费设施，于是曾维才先生历经数年的游说、谈判，终于成功引进台湾新光三越落地重庆，并按照新光三越的要求，量身定制，在嘉州商圈建设了非常现代的新光天地商业体。

2017年开业。为了不辜负市级领导对嘉州商圈开设的新光天地现代购物中心给予"台湾新光，要在重庆绽放出新的光芒"之厚望，曾维才先生在新光天地开业后继续给台湾经营企业以全方位的支持。2019年，新冠疫情严重，商业企业受到严重打击。时任市台办主任的胡奕女士带队到企业调研，协调各方助解困，曾维才先生积极响应，当即决定给新光天地减少租金数百万。这一举动得到市级部门的高度评价，市台办特地致函予以肯定表彰。

规划展览馆是这座山水城市的会客厅，历史人文的风景线。在这里，认识重庆、读懂重庆、热爱重庆。

重庆市规划展览馆

馆长

秦海田

Director of Chongqing
Planning Exhibition Hall

HAITIAN QIN

重庆市规划展览馆馆长，重庆市城市规划学会历史文化名城保护专委会副主任，长期从事城乡规划管理，历史文化保护与传承工作。

Q：重庆市规划展览馆作为重庆市规划和自然资源局的下辖单位，是重庆市规划和自然资源局的重要公众开放平台，请问重庆市规划展览馆主要有哪些功能？

A：在我看来，城市规划展览馆是一座城市的时空坐标，它关联着人与山、水、城，以及过去、现在和未来的关系。可以说它既是一个物质容器，承载了城市演变的历史；也是一座精神丰碑，彰显着城市的文化内涵。

具体来说，规划展览馆的首要功能一定是集中展示城乡规划工作的主要场所。在这里，大家可以全方位、多角度地看到城市建设的沧桑巨变、城市发展的重要成果和未来规划的总体趋向。其次，它还是市民与政府沟通的重要平台，人们通过这里了解到这座城市编制了什么规划、这些规划对自己有怎样的影响，以及自己怎样才能为这座城市的发展建言献策。再者，它更是一个文化交流的大舞台，不仅能展示规划，还能展现建筑、自然资源、科技创新等与城市相关的文化品格和精神特质。

因此，我们的重庆市规划展览馆就是希望通过多样性和复合化的展示方式来诠释重庆人与重庆城之间的深刻关系，以开放、包容的积极姿态让重庆市民和外来游客能融入城市的公共生活，更是以跨界多元的城市综合体形式彰显重庆的城市文化精神。

Q：新馆在选址和设计上是怎样考虑的？

A：重庆市规划展览馆的新馆位于重庆市南岸区南滨路弹子石广场，与重庆来福士广场、重庆大剧院于两江交汇处呈现隔江相望之势，是由弹子石车库二期的负一层、一

新落成的重庆市规划展览馆。重庆市规划展览馆 供图

重庆市规划展览馆的设计理念
从汉字"起"中延伸而出。
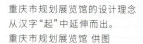
重庆市规划展览馆 供图

至四层改建而成。建筑总高度 24 米,改造总建筑面积约 1.70 万平方米。

建筑方案是由中国建筑设计研究院有限公司中国工程院院士崔愷牵头设计的。以"重庆起风景"为设计概念,将规划展览馆定义为两江交汇观景点、南滨城市会客厅的新起点。通过"起风景"的起笔之势,以建筑语言沟通自然、文化、人本和精神,将规划展览馆作为重庆新的标志性建筑及公共活动场所来展现重庆"山城"与"江城"的双重魅力。

整个规划馆是以开放的姿态面向城市和公众的,景观核心区包括滨江城市广场观景平台、景观修复区及滨江景观带。在空间设计上注重城市界面的延展性和连续性,将广场与弹子石公园进行有效衔接,避免与滨江景观带的割裂,拉近了建筑与自然的联系,形成了整体协调的景区型城市生态空间。而广场向内延伸的区域,以"山城步道"为设计语言的生态坡道是介于建筑内外的特殊媒介,模糊了内部展馆与城市的界限,增加了空间的体验性和互动性。

Q:展览馆从原来的朝天门位置迁建到现在的长嘉汇片区,您认为新、旧馆之间有着怎样的联系?

A:应该说旧规划馆和新规划馆之间存在着一种传承延续关系。

首先它们都是重庆城市更新项目的典型代表。旧规划馆所在的朝天门广场是 1998 年建成的,它地处长江、嘉陵江两江交汇处,集建筑与景观广场于一体,是重庆市区重要的景观节点,区位十分重要。然而广场下的建筑部分却因为可达性差、缺乏必要的配套设施和功能定位不当等因素闲置多年。后来经过充分研究论证,重庆市政府做出了将朝天门广场建筑部分改造成规划展览馆的决定。这样既充分利用了朝天门广场下的闲置资产,实现了资源的优化配置;又利用了现有建筑,节约了土地资源、建设资金及时间;同时朝天门地区作为重庆城市建设的起源地之一,在此建设城市规划展览馆也就具有普遍的场所认同感。同样,2019 年 5 月,敏尔书记在调研城市提升工作时作出重要指示,要求规划馆搬迁至能观看城市最美风景的弹子石广场，承担规划展示和具备城市会客厅的功能。而当时南岸区政府在弹子石广场有一个闲置停车楼，于是通过城市更新的手法将弹子石广场部分车库改造成公共建筑，也就是我们新的规划展览馆，成为了重庆市2020年重大项目之一，纳入了市政府工作报告中。

其次，新、旧规划馆之间还扮演着"看与被看"的城市角色，因为两馆的位置也就隔江相望。刚才提到，老规划馆所在地的朝天门是重庆城市的起源地，历史文化深刻厚重。但它却有种"不识庐山真面目，只缘身在此山中"的感受，因为它只能从一个方向看到两江的交汇，观望着大江东去。而新规划馆的选址，除了坐拥观看两江交汇的绝佳位置，从看城市的角度而言，可以观赏到从朝天门来福士到江北嘴高层建筑群的两江四岸核心景观；而从被看的角度来说，人们在朝天门解放碑等重要观赏点也可以清晰地观赏到规划馆这个两江四岸城市会客厅的地标形象。所以我认为将规划馆从历史厚重的朝天门迁建到"起风景、起征程"的城市会客厅，守望过去，面向未来，是一种更有意义的传承和延续。

Q：新规划展览馆的建筑外立面非常有特点，请介绍下。

A：刚才提到，新规划馆的造型依据空间的走势自然生成，远远看去形如一个草书的"起"字。

首先它创新的外表皮设计，既用了现代的手法来表现瓦屋面的形态，使其富有现代气息；又有贴合山地步道的外幕墙造型，体现出了重庆的地域特色，塑造起地标建筑的

立面材质 红色岩墙

立面材质 灰砖墙

加建平台底部 木色格栅

重庆市规划展览馆 供图

重庆市规划展览馆的曲面外墙。
重庆市规划展览馆 供图

形象。其次我们可以看到建筑室内外的分隔墙材料使用了红色、灰色和木色三种色调，传承了我们重庆的巴渝风貌和红色文化印象。再者这种蜿蜒的建筑立面形态，既能与周边的山水相呼应，又能在山水环境的掩映下形成较高辨识度的形态。此外，建筑的立面能在三楼和四楼的主要观景处打开，可以为参观者提供欣赏两江美景的绝佳场所。更有意思的是，这个建筑上下是互联互通的，它纵向打通了弹子石广场上山的动线，横向又串联起滨江区域的慢性系统，让规划展览馆自身就成为了山城步道慢性体系的一部分，营造出独具重庆城市特色的观展体验。

Q：要实现这种曲面建筑的改造，有着怎样的难度？

A：要实现这种建筑曲面造型确实是整个改造过程中的一大难题。在形式上，我们看到整个建筑如行云流水，有着草书"起"字的书法神韵；同时为了表达出与周边山形水势

- 幕墙基本定位在三个基准面上，结构整体性强

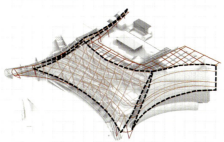

- 环形梁支撑塑造幕墙形态

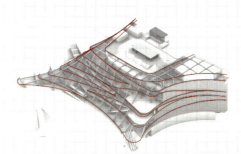

- 主梁贴合基准面设置，形态具有一致性
- 角部支撑方式变化，塑造三、四层核心观景点

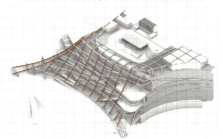

- 支撑柱大部分从原结构柱定点搭建，倾斜15°，形成韵律
- 形态具有一致性

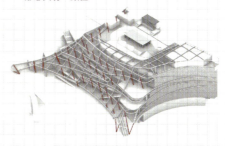

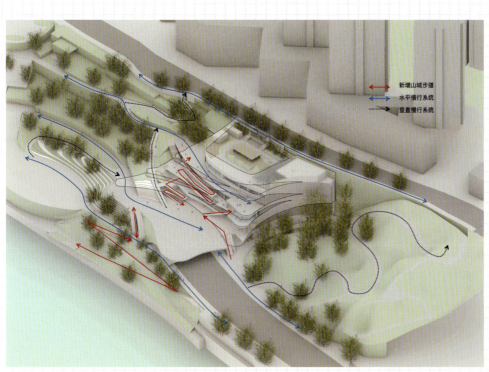

新增山城步道
水平慢行系统
垂直慢行系统

重庆市规划展览馆建筑设计理念。重庆市规划展览馆 供图

的关系,就决定了它不能采用某一种标准的形态,而不规则的、鳞次栉比的铝板幕墙覆盖整个建筑外立面,恰好就能形成看上去一气呵成的曲面造型。

为了保证概念方案中曲面肌理能完美呈现,在技术上,施工方首先要全过程通过参数化的设计手段,控制曲面幕墙分板的数量及疏密程度,以保障每个曲面交界区域的连续性。同时还要解决幕墙设计与这个依山而建的建筑结构体系的协同。由主体箱型钢结构作为支撑体系,横向直管和拉弯构件作为次级结构,将上檩条垂直于横向构件作为幕墙单元的空间网架,通过立柱、角钢、耳板等与蜂窝铝板单元进行衔接,在整个方案合模后才进行钢结构的排产成型。根据统计,整个建筑共使用了 6180 块蜂窝铝板,1080 根檩条、10700 个角钢、10700 套耳板、25000 个连接件、1100 吨钢结构,通过拼装的方式,

重庆市规划展览馆的内部空间。重庆市规划展览馆 供图

在满足规划展览馆功能使用的前提下,以柔和的曲线勾勒出轻盈现代而不失协调自然的建筑形态。

Q:规划是相对专业的体系,目前新馆在内部空间布局上是如何设置的?

A:新规划馆内部空间布局的流线相对是比较清晰的。一楼就是介绍重庆概况的序厅;上至二楼就是介绍自然山水和历史人文的资源本底,这两个就占据了楼层一半的空间,另一半空间则是介绍山城江城的专项规划;三楼则是主模型、总体规划、智慧规划、城市提升、两高两地等展厅;四楼还设置了影视重庆、友好城市以及可供临时展览的空间。

其实新、旧规划馆在展陈逻辑上是有比较大的变化的。旧规划馆的布展逻辑首先是从总书记的殷殷嘱托开始讲述,然后是目标定位、区域规划、总体规划、详细规划,最后介绍美丽山水和历史人文。而这一次的展陈逻辑做了些调整,介绍完重庆概况就开始讲

自然山水和历史人文，然后才谈规划的内容。我想这样的布展逻辑实际上是回归了最朴素的认知：不忘本来才能走向未来。所以这一次我们花了大量的精力和功夫在自然山水和历史人文的内容梳理和展陈上，希望能够把重庆的资源本底弄清楚、讲透彻。

Q：对于公众喜闻乐见的展览展示，重庆市规划展览馆有没有多增加一些这些方面的手段和内容？

A：为了增强展陈效果，吸引公众的关注和参与，我们采用了很多接地气的互动体验内容和高科技手段。

比如我们中庭打造的"最重庆"复原墙，就把重庆老百姓日常生活中吃火锅、理发、棒棒

军爬坡上坎等生活场景都放在这里集中展现，原汁原味地还原出重庆百姓的生活气息。

而整个展厅更是运用了很多科技手段来增强展陈效果和增加互动体验感。像序厅的"重庆之眼"，它就采用了球幕特效影片的形式，立足全球视角，以世界的重庆为切入点，依次展示重庆的宏观战略区位、世界友好城市、经典航拍影像等内容，深刻解读重庆与世界的关系，展示重庆第一印象。二楼的全景影院，通过六面立方体投影显示技术，使进入该空间的参观者能完全沉浸在一个被立体投影画面包围的虚拟仿真环境中，身临其境地跟随三维视听影像穿越时空，见证重庆历史发展的演变。还有三楼的"飞跃重庆"沉浸式影院，运用了"180度整舱旋转、飞行姿态高仿真模拟、沉浸式巨幕影像"等创新手法，让人们在进入巨幕影像空间后，时而翱翔于广阳岛上，时而俯冲到嘉陵江边，在身临其境般的氛围体验中感受到重庆38个区县的自然风光和风景名胜。此外人们在一楼的沉浸山水间等空间，都可以在虚拟现实中体验到重庆自然山水和繁华都市的魅力。

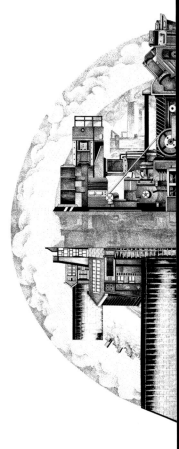

破旧立新的
城市大改造

近年来，重庆母城最主要的三个改造片区朝天门（左）、化龙桥（中）、十八梯（右）就像一块镜面，倒映出了重庆一直以来不断向上、向新的城市发展新未来。田凯 绘制

　　旧城改造是城市发展过程中必然的产物，自上世纪 90 年代开始，为了进一步改善棚户区居民的居住条件和生活质量，重庆市政府加大棚户区改造力度，提升城市品质和形象。根据建筑于城市的历史意义，开始了一场持久的有区别的"改"与"造"。

　　那些曾经的城市中心工业区，随着城市的扩张，建筑物普遍年久失修，比如化龙桥区域，通过整体拆除的方式，焕发全新生命力。对有使用价值的建筑和具有历史意义的建筑通过旧房改造或管网配套更新以继续保留使用，对于旧城区破烂不堪、安全隐患严

渝中区危旧房改造
总指挥部常务副部长

詹先毅

XIANYI ZHAN

Executive Deputy Director of
the General Command for
the renovation of dilapidated houses

城市的建设和发展都离不开拆迁，
这是城市历史进程的必然。

1969 年 2 月到酉阳县酉酬区庙坪六队插队，1972 至 1975 年在渝中区日用百货公司五
交化公司当售货员，1975 年 5 月至 1989 年渝中区委财贸部秘书，1989 年至 1991 年
渝中区人大党组行政秘书，渝中区解放碑街道副主任，1991 年至 2003 年渝中区政府
办副主任，法制办主任，2003 年任渝中区政协副主席，渝中区政府党组成员，其间担任
渝中区危旧房改造总指挥部常务副指挥长，兼任化龙桥开发建设指挥部常务副指挥长，
朝天门片区指挥长，第七分指挥部指挥长。

80年代的重庆临江门,临江门是重庆母城渝中最早改造的片区之一。 Bruno Barbey 摄/Magnumphotos

Q:城市建设和拆迁从来都是一对孪生兄弟,拆迁是建设的必要步骤,以您的多年经验,谈谈渝中区的拆迁经历。

A:城市建设的每个阶段,都需要面临拆迁的问题。今天如此,民国期间的重庆也是如此,当年曾经为了修马路,拆了沿线大量建筑,这样才有了旧城区向着新市区发展的空间。

早在1987年重庆市就出台了城镇建设拆迁管理办法。当时的拆迁工作,虽然有政府房管局房管处参与,但主要还是依赖于开发商和第三方机构进行拆迁。可以说,拆迁是城市发展的必然产物。80年代末渝中区处于什么状况呢?危房非常多,一旦遇到暴雨,就会出现房屋被雨水冲垮的现象,天气干燥了,也容易发生火灾。当时我在政府法制办工作,经常会因为这类事情去现场。每个月几乎都有一两次,不说财产的损失,死伤的人数也不在少数。

1993年,渝中区开始进行拆迁。当时的拆迁主要集中在今天的新华路和华一坡地区,拆迁的对象主要是些危房,这个区域的拆迁矛盾重重,拆迁难度比较大。直到1995年群林市场突发了一场大火,损失惨重,大家才开始真正意识到危房的害处。拆迁工作,比以前变得轻松了一些。

城市改造给化龙桥带来了从老工业区到国际商务区的蜕变。瑞安集团 供图

Q：在渝中区的发展中，拆迁体量最大的区域在哪里？

A：这个应该是化龙桥片区，这个片区本来不属于渝中区。1996 年，因行政区划调整才由沙坪坝区划入渝中区。这个片区的房屋主要以厂房和家属楼居多。上世纪 70 年代，这里非常红火。当时大量的重工业企业以及军用企业都在这里集中办公，出名的有中南橡胶厂、微电机厂、毛坦厂等。当时附近流行一句顺口溜，"小妹小妹快快长，长大嫁到橡胶厂，三天一只鸡，五天一个膀"。

可是，化龙桥划到渝中区时，这里已经比较破败，还有"下岗工人一条街"的称号。化龙桥是渝中区政府介入拆迁的第 1 个项目，从市里到区里各级领导都非常重视，孕育于 2002 年，正式拆迁始于 2004 年 3 月 27 日。

Q：化龙桥在拆迁过程中，经历了哪些重要事情？

A：2003 年 8 月 19 日，渝中区就化龙桥片区和瑞安集团达成整体改造协议。市领导也非常重视，要求三年之内完成拆迁工作，并且匹配财政资金 30 多个亿，但是实际拆迁还是很困难。就在化龙桥项目拆迁的前半年，江北城开始了拆迁。江北城在拆迁过程中，由于居民反对，江北城的拆迁价格曾经提高过一次，这给化龙桥片区的拆迁造成了不良影响，不少居民纷纷效仿江北城，要求政府提价，我们只有逐一做工作。

化龙桥片区拆迁涉及 12000 多户，其中 50% 是大型企业、厂矿及其家属职工。当时我们的口号是"化龙桥拆迁的成败关键在于企业"。基于此，我们开始将工作重心放到企业上。为了有序推动化龙桥片区的拆迁工作，组织了"千人干部下基层"，针对企业、个人、家庭，一个一个地进行谈判。

当时我们的指挥部就设在拆迁的现场，我自己作为化龙桥片区开发建设指挥部副指挥长，简直把拆迁工地当成了自己的家，一住就是两个多月。我的职责中有一项很重要的工作，就是给人民代表、政协委员、居

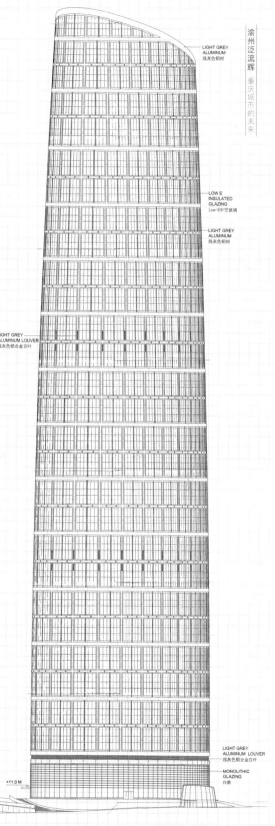

LIGHT GREY ALUMINUM 浅灰色铝材

LOW E INSULATED GLAZING Low-E中空玻璃

LIGHT GREY ALUMINUM 浅灰色铝材

LIGHT GREY ALUMINUM LOUVER 浅灰色铝合金百叶

LIGHT GREY ALUMINUM LOUVER 浅灰色铝合金百叶

MONOLITHIC GLAZING 白玻

+11.0 M

65

渝中老城区（左）与江北老城区（右）。Alamy 图片社 &Gettyimages 供图

民代表汇报我们的拆迁进展，曾经最长一次性做过 6 个多钟头的讲解。

为了让化龙桥片区在外围形成更好的交通环道，在原来既定的拆迁范围基础上，又增加了牛滴路、化龙桥 3 期的拆迁范围，所以这个片区的拆迁周期非常长，到 2008 年底才基本结束。

Q：渝中区还有哪几个片区的拆迁工作难度较大？

A：渝中区作为重庆的母城，寸土寸金，拆迁难度都不小。关键在于拆迁过程中，要切实保护被拆迁人的最大利益，同时要保持对他们的最大尊重，这样才能有效保证拆迁工作有序推进。基本上在我参与的拆迁项目中，80% 的拆迁对象能在两个月内完成拆迁手续，剩下来的拆迁困难户，都集中在利益的博弈上。但是多数老百姓都还是能够理解政府的所作所为，并且期待住进新房子，过上更好的生活。

因为下半城的十八梯，是渝中区危房改造最大片区，当年拆迁任务十分艰巨，市级政府要求我们半年之内完成，拆迁面积达到 120 万平方米。面对如此大的工作强度，我

们都牺牲了自己的休息时间，基本上没有星期六，也没有星期天，那时候也叫"5+2，白加黑"的工作模式。

朝天门片区也是如此，这个区更是奇葩，几乎涵盖了中国经济的所有形态，国资、集体、外资、个体、军产、企业等等，要打交道的对象可以说是五花八门。我们的拆迁工作还涉及社会稳定。早年渝中区为了更好安排残疾人的生活，给了他们在朝天门区域自谋生路的权益，专门给了他们一些摊位，现在要解决这些人的拆迁，简直太难了。

Q：您曾说城市化最基础的工作是拆迁，该如何看待这个问题？

A：城市的建设和发展都离不开拆迁，可以说，这是城市历史进程的必然。以我们渝中区为例，也可以看出这一点。从2013年开始，市里面要求我们渝中区进行危旧房改造，"三千年江州城，八百年重庆府"，渝中区作为重庆的母城，街街巷巷都承载了历史的脉络和城市发展的痕迹，也堆砌了大量的危旧建筑和不合理的空间，危旧房改造势在必行，这是一个大的民生工程。

重庆母城改造前的老街巷。@□兴发 摄

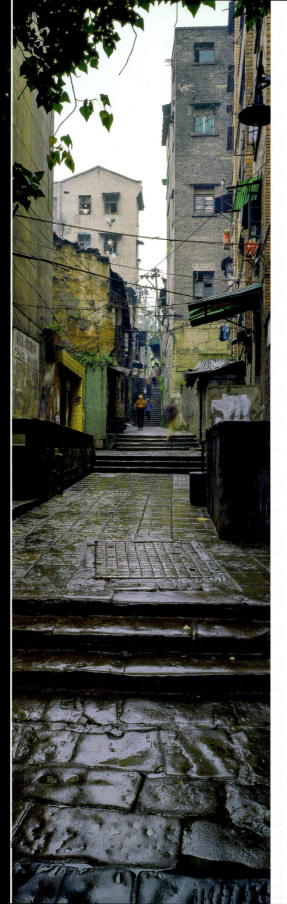

当时，渝中区抽出了 7 个区级领导（4个常委，3 个区领导），组成危房改造指挥部，由区长亲自担任指挥长，我担任常务副指挥长，主要统筹十八梯、凯旋路、朝天门、中四路等 7 个大片区、100 多个项目的危旧房改造工作。

按照当时的政策，我们既要保证拆得快的建设力度，也要保证和谐稳定的社会舆论氛围，每天都在解决问题，与各种阶层的人打交道。这次危改总共涉及 5 万多户，力度之大，改造之彻底，可以说，凭借着这轮危改，奠定了我们今天的城市轮廓。

Q：拆迁总是伴随着矛盾，除了与拆迁户之间的矛盾，还有与城市历史、乡愁之间的矛盾，您如何看待这些现象？

A：因为城市要发展，所以我们才去拆迁；因为社会要进步，我们才去进行城市更新，拆迁与城市记忆之间的矛盾，是难免的，尤其在早年的拆迁工作中，我们肯定存在着对城市历史不够尊重的地方。

于我而言，觉得比较遗憾的就是，渝中区在早年的发展过程中，拆除了临江门到嘉陵江片区的建筑，后来这一片区的建设又缺少整体规划。这个片区非常能够体现山城的地理特征，大量建筑也十分具有特色，并且有梯坎、缆车等构筑物，可惜这一切只能停留在今天的影像之中。

这些问题也引起了我们的反思，所以在后来的拆迁中，我们就开始注重对文化遗产的保护，比如说我们在解放碑附近的拆迁过程中，曾经保护了韩国光复军司令部旧址，在下半城的拆迁中，我们也尽了最大努力，保护了湖广会馆，并且投入巨资恢复了湖广会馆的原貌。

十八梯改造指挥长

戴伶

The renovation commander
of Shiba Ti
LING DAI

十八梯。蒋良 摄

文化的力量不是立竿见影，也不能一蹴而就。十年来，我一直尝试着借助媒体的力量和艺术的魅力，记录这座城，连接人与城、街巷和烟火、历史和未来。

2007 年担任常委统战部部长十年间，一直兼任渝中区危旧房改造工作指挥部的副指挥长，第三、第四指挥部指挥长，负责十八梯、凯旋路、石板坡、朝天门、打铜街等二十多个地块的拆迁工作。2010 年 8 月至今，担任渝中区寺观教堂修善保护领导小组常务副组长，主持了罗汉寺、若瑟堂、圣爱堂、关岳庙的保护修善保护工作。其间，策展了"再见 十八梯""你好 化龙桥""永远 朝天门"等多个城市影像展览，真实再现了旧城新生的建设历史，也是改革开放下城市发展的成果展示。

改造前的十八梯实景图。十八梯改造指挥部 供图

Q: 坊间传闻，是您"催生"了十八梯，您如何看待这个问题？说说您和十八梯的渊源。

A: 有这个说法吗？坊间传闻倒是无所谓。只要说到"十八梯"，总会在我心中驻留，泛起阵阵涟漪。由于工作原因，我与十八梯的交集从 2007 年至今，大致有 15 年的历史。希望以后还会有。与其说是工作职责所在，倒不如说是我与"原住民"的缘分所致……

2007 年 3 月，我任职中共渝中区委常委、统战部部长，分工联系南纪门街道。南纪门属于渝中区下半城，那时是离重庆最繁华的解放碑商业街"一步之隔"的棚户区，当时有解放碑是欧洲，下半城是非洲之说。十八梯就是南纪门街道辖区中最有历史名气，也是现实最脏乱差的区域。这里面积狭小且相对坡度大，作为连接上半城和下半城的台阶式要道，热闹非凡，繁忙一时。十八梯向江边就是通往南岸的码头，向南纪门城外就是菜园坝地区，交通往来方便，人流不断。长期以来，在随坡道建筑基础上，不少劳力者在此附近乱搭乱建形成居所，密密匝匝，不分主次。重重叠叠，不辨来路；人口密度高，居住环境差，社会矛盾突出，社会治理难度大，颇受多方诟病。于此，历届党委政府最关心，最重视，一直想方设法改变这样的境况。

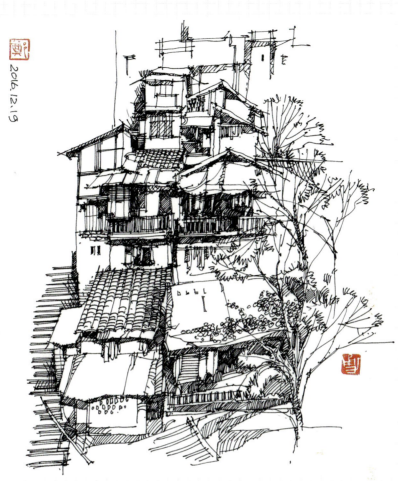

2016.12.19

十八梯小景，建筑师郑勇钢笔画。 郑勇 绘

2008年5月，重庆市渝中区危旧房改造总指挥部成立，我担任副指挥长和危改第四指挥部指挥长，旋即进驻十八梯街道。从此，我和十八梯的老百姓的情缘越来越深。

Q：当时，您面对的是一个怎样的十八梯？

A： 十八梯在重庆城市发展中扮演着十分特殊的角色，每个重庆人都有自己心目中的十八梯。我接手十八梯片区旧城改造工作后，深刻地感受到在城市发展进步中，市民的物质需要与精神要求不对等，极大地增加了城市改造工作的难度。

在重庆渝中旧城改造范围内，本着先易后难原则，十八梯是最后纳入改造的区域，是一项"啃骨头"工程。在政府决定对十八梯进行改造的时候，正是移动互联网发展最为迅猛的时期，这一时期，传统媒体向新兴自媒体过渡，几乎每个人都可以成为一个媒体。十八梯改造消息一经发布，各种信息、舆论与不同声音，因各自现实需求，在互联网上此起彼伏。一时间，代言不同需求的十八梯人接踵登场：在艺术家眼里，十八梯应是江边晨雾里若隐若现的传统建筑吊脚楼；在诗人眼里，十八梯应是寂寥雨巷里撑着油纸伞的丁香姑娘；在建筑师眼里，十八梯应是保存川东民居建筑的经典代表；在历史学家眼里，这里应是重庆母城发展的年轮；在摄影家眼里，十八梯境随步行，是集聚老重庆文化符号的最佳取景地。在老百姓眼里，这里应是记得住乡愁的地方。

在万众瞩目下，通过互联网的"搅动"，十八梯迅速成为重庆城市怀旧形象的代言地。十八梯俨然要被塑造成重庆母城文化的精神担当。其实，这纷纷扰扰的意见在很大程度上，是因人皆恨失所致。当所有舆论叠加起来的时候，皆是他们知道要失去的时候，我们应该更加留意的是祖祖辈辈生活在十八梯的居民，他们的等待已超过几代人。走进十八梯，看到几代人蜗居在年久失修的老房子里，阴暗的房间、肆意流淌的污水、熏黑的墙壁，漏雨的屋顶，甚至走很远才有一个公共厕所，更不要说自家的浴室了。这样的生活条件是绝大部分城市居民往昔的记忆，但却是十八梯人的现在。因此，一面是原住民对于人居条件改善的渴望，一面是互联网上此起彼伏的质疑声，还有就是当时"谈拆色变"的工作大环境。

Q: 在我们所能收到的公众信息里，十八梯的拆迁充满了戏剧色彩，有互动，有交流，有人间烟火。您是如何设计和完成十八梯这场拆迁大戏的？

A: 对于十八梯拆迁工作，我面临和需要解决的，不再是传统意义上的双边关系，而是多边关系，其拆迁难度可想而知。当然，万事万物都在发展变化，所谓创新，也可以是传统要素的重新组合。因此，解决新问题，并不一定需要大费周章地另辟蹊径，在看似复杂的问题中抓住解决问题的关键，一切便可迎刃而解。

我清楚地记得，那是 2009 年 11 月，实现中华民族伟大复兴中国梦刚刚被提出，我就跟一些记者朋友们说，我们能不能与媒体合作，做一个十八梯未来的梦想，通过媒体让十八梯以外的人了解十八梯人的所思所想？在"谈拆色变"的那个年代，我特别理解媒体的难处与记者的角度，为了不出事，媒体一般是不会来蹚这浑水的。当时只有《重庆时报》罗磊主任，欣然接受了我的提议，我好感激他们。我与他的团队策划了《十八梯人的十八个梦想》新闻访谈，让十八梯人登上官媒，表达诉求，谈自己的理想和梦想。我们用最牛的摄影师，用大画幅照相机，让原住民站在自家破旧房前，尽情畅谈，把人的面部和精神状态照得非常好，画里音外有着追求梦想的影子。这个策划实施后，人们开始关注和支持十八梯改造，整个舆论关注原住民，关注老百姓，关注人本身，舆论开始有利于拆迁工作了。

接着，为了充分听取原住民意见和建议，我又做了一个很大胆的设想——充分听取意见的投票，其实那个时候这样做是有风险的，当时政府令已经下达，拆迁范围已经确定，并通过媒体发布了。如果是投票意见与政府令有冲突，我们的工作就"骑虎难下"了。我斗胆向时任区委书记报告，并表示："这样做是可行的，是实事求是的，我相信一定会有利于工作的结果。"这个答复缘于我之前的工作调查，我从 2007 年分管联系这个区域时，走访了很多老百姓和住户，他们的生活状态我是了解和熟悉的，我有这个信心可以顺利投票，以凝结群众的意志，从而得到彻底的理解和支持。另外，我也思考，如果投票不成功，说明我们的拆迁工作考虑群众利益还不周全，在群众利益受到损害时，我们不能做。我的报告得到领导的充分理念、信任和支持，要求我把工作做细，统一思想，集体决策。

改造前的十八梯 101 号是一家"著名"老酒馆。张玉清 摄

　　决策这个事情的时候，我们的工作状态是"5+2""白＋黑"。有天晚上 9 点钟，日常工作结束以后，我召集指挥部的 6 位同事开会，集体决策到底要不要举行群众投票。会议一直讨论到凌晨 3 点钟，毕竟这是新鲜事物，有些同志有顾虑。最初会议意见是一半对一半，反对的声音觉得没这个必要，反正要拆，没必要在这之前集合上万人投这个票，万一有什么差池，后果不可想象。我知道他们都是维护我，为我着想。关键时刻坐在我旁边的南纪门街道的副书记易利华几乎耳语地跟我说："部长，可以的。"她的声音很微弱，但是很坚定，这是来自最基层，最前沿的声音，她的这句话更加坚定了我的决心，最后我表态："一定举行群众投票，我们要倾听百姓的叹息，更要关心近处的哭声。会议有不同意见我非常理解，我们要趁热打铁，舆论和全社会一定会支持我们，因为我们是倾听群众的声音。如果这个事情做错了，我承担一切后果；做对了是大家的"，这个决定就这样敲定了。

　　于是，我们开始筹备投票活动。开始逐家逐户走访住房，发放调查表。投票当日我们在杏林中学操场上，设置有 12 个票箱，每个票箱都有指定监票人监督，还设置了六个小票箱，方便那些不方便出门的家庭，我们送票上门，投票时限 24 小时。投票结束开箱清点结果，共计 6389 户参与投票，参与率 91.7%，符合投票规则。其中，赞成拆迁的票率

重庆晨报 CHONGQING MORNING POST

重庆新闻 B 21

2010年6月12日 星期六

十八梯拆不拆
老住户说了算

**7000多户家庭
下周末投票；这
种民意调查方式
在我市尚属首次**

**特别提醒》》
这些居民需参与调查**

十八梯的改造从最开始的民调
到投票，再到拆迁改造，代表了
绝大多数十八梯人的真实意愿。
十八梯改造指挥部 供图

因为十八梯是一条连接上下半城的通路,且居民多,所以一直都很热闹。张凯 摄

高达 96.1%。结果一经宣布,全场欢欣雀跃,原住民们含着热泪说,他们盼了几十年的拆迁,终于今天来到了。这时,我的眼眶也湿润了。

投票以后,更加细致的工作提上日程。整个拆迁下来,所有矛盾和问题几乎就在拆迁片区内解决,没有一例集体上访事件发生。

Q:十八梯人十八个梦想和群众投票做了以后,显然舆论有了好的导向,当时是否就直接着手拆迁的工作了?

A:其实问题并没有很快解决,接着我又做了一件事情。因为我对十八梯的情况比较了解,过程中接触了很多老百姓,他们十分迫切改善居住条件,愿意离开搬新居,但是几十年的生活对这块土地有着特别的念想和热爱,怎么满足他们的留恋和不舍的乡愁情怀呢!?

其间,我到杭州出差,看到了杭州的《印象西湖》受到启发,我想给十八梯的老百姓,做一个"十八梯印象"带走吧。当时也没有想好怎么做,只是想要给所有拆迁户一个纪念性的东西。这个想法出来以后,得到了"区危领导小组"和指挥部的赞同,于是我们开始在网上公开征集十八梯的纪念品,重点强调两个条件:第一要考虑到老百姓实用;第二是要有纪念品属性。最后全网征集来了 24 件作品,有书画、陶瓷制品、铁饰品等等。通过专家评审,老百姓代表参与,我们就在众多作品中,评选出一个六件套陶瓷制品。"六"寓意着六六顺,其中最大的一件可以作为观赏摆放收藏,其余五件寓意五福临门,把十八梯的风景、梯坎、黄葛树,都烧制在瓷盘上,烧制完成后,六套模具在厂里当众销毁,十八梯的六件套就成了不可复制的绝佳物品。

经过无数次的沟通和商议,搬迁工作完成了。我去看望一些拆迁户时,他们拿出六件套盘子装花生、糖果请我吃，大家其乐融融，这种感觉真是温馨，会让人掉眼泪的。后来一个偶然机会得知，浙江大学熊卫平（音）教授讲公共危机管理时，把十八梯群众投票和烧制"十八梯印象"瓷盘的案例纳入了她的教案当中。

Q: 说说"再见 十八梯"这场展览吧，有哪些周折？是什么触动了您要办一场展览？

A: 拆迁片区通常都是封闭管理的。由于十八梯的特殊环境，一方面，它是连接上半城和下半城的要道，另一方面很多人都想来告别十八梯，封闭管理显然不现实，也极有可能会出现不必要的冲突。因此指挥部决定：在安全前提下，凡持身份证、摄影师证、工作证等有效证件，并承诺接受管理的均可进入拆迁现场。

2010 年入秋后，天气依然炎热，在指挥部搭建的工棚里，一个胸前挂着摄影师标识的人走进来说道：我能不能进来坐一会儿？我说当然可以，并递了一瓶矿泉水，他刚落座，望着远处的房屋说了一句，"哎呀，拆了可惜了"。我一阵犯晕，心里嘀咕：我们做了这么多宣传，怎么还是这个想法？他接着转身对我说，"你们当官的不了解十八梯的情况"，我装作不知道，回了他一句：怎么讲？

"其实里面生活的居民很恼火，你们根本不知道他们是怎么生活的！"

"你很了解吗？"

"是啊！我每年都要到十八梯拍片子，拍了近二十年了。"

他指着身边熙熙攘攘的人群说道："你看还有老外在这儿拍……"

听到这里，我很兴奋，我体会到一个真实、客观地对拆和不拆之间的态度和看法。

我们聊了一阵儿，得知他是摄影家协会的，我就说可以帮他们做一个十八梯老照片展。这时我才发现，把这些老的照片展示出来，既是对十八梯人和历史的尊重，也是对眷恋十八梯的其他有家乡情怀的人的尊重。当时就琢磨如果在十八梯的残垣断壁做"空间展览"，那是什么景象？这个想法刚冒头，拆房遇到的一个小事故，彻底打消了在拆迁现场做影像展的念头。但是，我向这位摄影师的承诺，一直不敢忘却（笔者注：这十年我一直在找他，我希望大家看到这本书时，能帮我找到上文描述的这位摄影师）。

2015 年春天，我找到当时在《重庆时报》任职的摄影师王远凌和记者王予谦谋划影像展，当年 9 月 1 日在重庆美术馆成功的举办了《再见 十八梯》这个展览。

"十八梯印象"——六件套瓷盘。十八梯改造指挥部 供图

2015 年 9 月 1 日，《再见 十八梯》展览在重庆美术馆拉开帷幕。马力 摄

Q：您还记得这个展览开幕时的场景么？

A：这是我一生中最重要的一次影像展览体验，太记得了！这个展览的举办是有不同意见的，如果用传统美学、艺术的角度审视，有相当部分照片不会纳入展览中。再就是展陈内容和观展对象与拆迁的关联度极高。我们策展的考虑，就是想兑现几年前对那个摄影师的承诺，想要给十八梯人一个心灵的回应和交代。当我把这个"理由"告诉新建的重庆美术馆邓建强馆长时，得到他的全力支持，这也是重庆美术馆新馆第一次做影像展。开展当日上午专家评审会上，原市文联党组书记蓝锡麟老师力挺《再见 十八梯》纪实影像展览。也得到了凌承玮教授和杨矿主席的支持！大家都说，《再见 十八梯》展览是一个有温度、有情感、有创意的影像展，展览把社会关注的话题紧紧地联系在一起了。

这个展览的初心是给十八梯的老百姓办的，开展时让拆迁的老百姓走红地毯，启动展览开幕。那个红地毯从展厅一楼一直拉到二楼，老百姓扶老携幼进入展厅，有些在照片

面前鞠躬，有的在寻找自己的生活过往，场面特别地感动，好多人当场都哭了。

观展的人熙熙攘攘，一拨接一拨，打破了重庆美术馆开馆以来单日和展期参观人数的纪录。我之前从来不接受媒体采访，但那个时候，我主动请重庆交通台的艳桥记者来采访，我就是想让媒体传递一个声音："再见十八梯"，讲的是破茧重生，凤凰涅槃的故事，消失的破旧搭建等建筑终将逝去，未来的十八梯期待再现。

《再见 十八梯》展览以后，我突然发现了影像的魅力，影像是不会说谎的，真实得有魅力。由于展览很成功，得到连州国际年展的关注。

Q: 做完十八梯的拆迁之后，您又编制完成了《重庆城市发展三部曲》，除了十八梯，另外两个项目，和您有着怎样的关系？

A: 曾任渝中区危改指挥部的常务副指挥长、负责化龙桥和朝天门两个危改片区的詹先毅指挥长，在参观《再见 十八梯》的展览后，非常感动，觉得十八梯有自己的故事，而作为重庆主城范围内规模最大的旧城改造项目——化龙桥和地标区域的朝天门，也应该有一个像十八梯这样的展览，讲好属于自己的故事。就这样，《再见 十八梯》的展览理念得到延伸，诞生出了两个新的影像展。

如果说《再见 十八梯》呈现了重庆基层百姓的集体记忆和生活故事，是对市民历史和人的尊重，寄托了对未来的憧憬，那么《你好 化龙桥》展览则是一次"华丽"的转向，从"工业区"这种如火如荼的集体主义生产生活状态，到 "重庆天地"的新商业体和国际社区的生产生活方式。《你好 化龙桥》展览组委会团队走访了曾经的化龙桥工业区仍然健在的老人和已经消失在公众视线的 50 余家厂矿，收集超过 2000 余张工厂历史影像，把集体主义生活重新拉回到公众视线当中。20 世纪工人阶级集体记忆的影像，被一一挖掘出来，在新商业体的重构下，这些珍贵的历史信息和文化符号扑面而来，纪律、质量、荣誉、干劲纯朴、认真等优秀品质跃然纸上，时间流去，非但没有加速丢失，作为闪烁那个时代精神的影像，成为城市名片被带上了国际影像舞台。

朝天门的展览体量是"三部曲"里面最大的。朝天门对重庆人来说太熟悉了，这恰恰就是做朝天门展览最大的难度。几乎每一个重庆人都与朝天门发生过记忆的联系，每个人心中都有一个朝天门，如果这个展览尽力去满足人们心中各自不同的朝天门，那势必落得众口难调，成为不可能完成的任务。

我们的朝天门展览在影像使用上进行了创新，第一，强调学术性：展览筹备组委会策划开始之前，邀请到 20 多位重庆市区相关原领导和专家学者作为展览顾问团，保证历史的真实性、科学性和知识性；第二，强调文献性：展览中所呈现的大量历史影像，绝大部分都是之前未曾公开过的。策展团队联系多家国际影像机构、博物馆、大学、影像研究机构与网站，甚至私人藏家，找到了大量散落在全世界的关于重庆各个时期的历史影像，时间最早可以追溯到 1870 年。第三，强调人民性：照片中多选择与人民生活工作有联系的影像，有工人，有农民，有乘船者，有码头工，有小商贩，有物流场面。反映出在朝天门的诸事物和不同人的活动，栩栩如生，灵动鲜活，犹如亲临一般，感觉重庆朝天门的气象和不同生活面相。

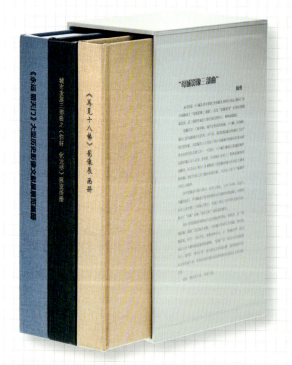

《重庆城市发展三部曲》

这样的原则推出的展览让城市沸腾了,一经媒体传播,展览期间每天观众络绎不绝,场场爆满。就这样,《重庆城市发展三部曲》——《再见 十八梯》《你好 化龙桥》《永远 朝天门》以展览形式面世,以出版物方式留存。

Q:拆迁是关乎一方百姓的民生工程,编制三部曲、做展览是艺术项目,把拆迁这样的政府行为艺术化表达,这是您的原创么?

A: 从拆迁开启,以影像呈现,到出版物终。这是始料未及的。开初是误打误撞,在过程中才开始梳理这件事情背后的思想价值、人文价值和精神价值,应验了一句老话:无心插柳柳成荫。

是机缘巧合,也是理念引导,受青年摄影师王远凌题为《十八梯》的影像组照,获得2011年连州国际影展新锐奖的启发,我们萌发通过影像来讲述城市生活、城市变化的故事。从十八梯讲到朝天门,最后以"三部曲"集结成册,经历了整整十年时间,在探索中一步步地认识和完善对重庆城市发展变化的构架与叙事。

"三部曲"虽然是讲重庆的事情,但是在中国城市化进程中,每个城市都在经历着相似的发展:伴随着城市空间拓展,建筑迭代更新,传统的市井生活的涅槃改造,新的生活方式顺流而上……在这一过程中,我真切地感受到有种责任、力量和爱,驱使我去关注关心这个城市。城市需要被记录、被讲述、被呈现。城市作为市民生活的公共空间,它的成长故事是所有生活其间人的共同需求。讲述我们共同成长的故事,有助于民众身份的确认,从而增加对城市的认同感;只有认同感被提升,民众才会更为积极地参与到城市的建设与发展中。

总的来说,"三部曲"在技术层面是从在地性创作到在地性文化的一次提升;在学术层面是影像文献呈现到影像史学研究的一次尝试;在社会层面来说,"三部曲"则是政府与艺术联手打造的,符合公众需求的文化产品输出。究其内核,反映了人民的意志和心声。

Q:这十多年来,您一直都在关注十八梯,结合实际的工作经验,谈谈您对城市更新的理解和建议。

A: 人、生活方式、城市本身,共同构建和演绎成了重庆。渝中区是重庆的母城,我们用《再见 十八梯》《你好 化龙桥》《永远 朝天门》三场影像展览,用时间和空间的逻辑把城市在地影像的切片串联起来,以通俗易懂的讲述方式传递给人民大众。"以人为鉴,可以明得失;以史为鉴,可以知兴替",人的成长、生活方式的变化、城市的发展带来真正的文化洗礼。

城市更新一定要尊重在地文化,重庆著名史学家周勇教授曾经说过:"重庆的历史和文化,重庆人自己才理解得最独到。由重庆人自己讲出来,才会更巴适,更到位,更深刻。"城市更新都应该建立在与所在地文化的深度链接上,这样才能使城市文化遗产得到传承和再生,让城市和人一同经历,让城市与人一道成长,相互理解,城市才会焕发出更新的生命力。

胡　秦　张　秦　徐　龙　傅　赵
云　思　光　文　静　泳　蓉　川
治　惠　玉　秀　　　霖

十八梯的改造，可以说既是城市发展的需求，也是居民实实在在的梦想。

残破不堪的母城危旧房。罗大万 摄

Q：作为社区的工作人员，您记忆中的十八梯是什么样子？

A：赵川（原十八梯社区主任）

虽然我现在离开了之前的工作岗位，去了新的社区，但是我对十八梯的记忆十分深刻。因为那里曾经一度是重庆最为破旧的社区，大量的棚户区，居住空间逼仄，房屋质量差，安全事故不断。我是 2009 年到响水桥社区工作的。当年 4 月 14 号十八梯就发生了大火，我在现场待了好多天，每天挨家挨户做好安置工作。那场大火让六七十户人家遭受灾难，而这样的事情屡屡发生，后来也就司空见惯了。

虽然十八梯之前是个很繁华的地方，但是随着交通方式的改变，十八梯逐渐变得破败，加上后来各种务工人员向城内涌入，十八梯鱼龙混杂，居住人口成分十分复杂，乱搭乱建现象严重。真正十八梯原住民的居住条件十分不堪。所以当政府决定动迁这个区域的时候，老百姓的工作并没有想象中的那么难做，很多居住在这里的人希望早日搬离十八梯。十八梯的拆迁，可以说既是城市发展的需求，也是居民实实在在的梦想。

早年，十八梯的居民还是使用煤球作燃料。贺兴友 摄

"搬出十八梯，还做好邻居"，搬迁后的居民在新居一起吃汤圆，过元宵节。十八梯改造指挥部 供图

Q：十八梯的拆迁户后来都去了哪里？

A：赵川（原十八梯社区主任）

当时的拆迁户，我们安排得非常好，有多处范围可以选择，其中包含有渝北区可乐小镇，也有九龙坡的云湖绿岛，还有南岸九公里的聚福里等。这些拆迁居民的还迁房，在当时看来位置并不算好，可是随着城市的发展，今天都已经位于重庆的相对中心地带，房产的增值也很明显。

最重要的是这些拆迁户生活环境的改善，他们现在的居住社区，园林、绿化应有尽有，比起以前十八梯简直是天上地下。

Q：这几年，你们针对这些老的拆迁户做了哪些工作？

A：赵川（原十八梯社区主任）

搬出十八梯还是好邻居，针对这些老的拆迁户，我们这几年来一直坚持在做回访工作，采取"属地＋住地＋工作地"的策略，对大家现在的生活情况进行跟踪记录，每年都要走访 10 多个社区。

每年我们还会组织一些具体的活动，比如包粽子，吃团圆饭之类，继续保持和老邻居们的邻里情，我现在去这些拆迁户社区的时候，老相识还经常邀请去家里吃饭，可以说大家虽然搬出了十八梯，但是这份情谊都还在。

Q:说说您经历的十八梯。

A:傅蓉（原厚慈街社区主任）

之前，我在厚慈街社区工作，十八梯大片区拆迁的时候，厚慈街就是其中的一个部分。我是1998年来社区参加工作的，到现在已经二十三年。十八梯拆迁开始的前十年和后十年都是在这个区域工作，可以说对十八梯的前后变化，感受很深刻。

拆迁之前的十八梯，柑子堡、下回水沟等区域都是老房子，一般是七八层的那种楼梯房，大多数人还住在棚户区里。上厕所是个大问题，一个社区几千户人才有一个公厕，一层楼有一个厕所的都是环境很不错的住宅。除了上厕所难以外，洗澡也成问题，大概在善果巷位置才有一个澡堂。建筑质量也是个大问题，大部分棚户建筑以竹木为主，走动时建筑都在晃动。

因为居住环境太过恶劣，所以在动迁的时候大家都很愿意更换一个好的环境。但是原住民的内心是犹豫、纠结的，因为这里有老街坊、老邻居以及区域的情结，所以大家还是很舍不得离开。

现在一些搬迁出去的原住民都会抽时间在周围转转，甚至买个菜之类的，很多居民都希望社区开个后门，让他们进去看看十八梯改造的进展。

原十八梯的社区治安队员们。马力 摄

充满烟火气的十八梯。王祥 摄

Q：您怎么看待现在的十八梯？

A：傅蓉（原厚慈街社区主任）

十八梯名声在外。前几天，山西来了个朋友，他居然都知道十八梯。我问他对十八梯有什么印象，具体他也说不上来，只说好像是很出名，很有历史底蕴。

早年的十八梯起源于下方江岸的码头，接通我们上、下半城，包括山城巷、较场口、解放碑，并连通解放西路、白象街，历史文化资源丰富。

现在的十八梯经过重新修缮之后，传统与时尚并存，传承与创新兼备，这是有目共睹的。开街的时候还会将山城巷、解放西路等全部串联在一起，必定有诸多亮点，并且成为全域旅游的典范。

Q：您还记得十八梯拆迁之前的模样吗？

A：龙泳霖（原解放西路社区主任）

当然记得。我既是在十八梯社区工作，同时我自己出生在永兴巷，在老社区里面还有一套小房子。十八梯拆迁之后，我在南岸的聚福里还得到了一套还迁房，所以说我也是十八梯拆迁的受益者。

拆迁之前的十八梯那是破烂不堪。街道非常狭窄，卫生条件非常差。那些乱搭乱建的房子，让整个社区显得特别破败。用水用电的条件也非常差，拆迁之前，还没有做到

藤藤菜煮面，地道重庆味。贺兴友 摄

每家每户都有一个水表。很多时候大家还要外出挑水,这对老人尤其不便。电线也是像蜘蛛网一样,密密麻麻,安全隐患十分严重。

Q: 大家都很反感当时的居住环境吗?

A: 龙泳霖(原解放西路社区主任)

很多人对当时的居住环境都不满意。最要命的是这种比较糟糕的居住环境,对身体健康的危害。记得当时很多院子都烧煤球,燃烧未净的二氧化硫,让很多人都得了气管炎之类的疾病。

当然,当时的居住环境也增进了邻里之间的感情,谁家挑水难就有人帮忙去挑水,谁家老人有病大家都站出来帮忙。直到现在我们组织十八梯老居民活动时,还能得到这些邻里乡亲的大力支持,现在还有各种各样的十八梯邻里群。

Q:说说您在十八梯生活的故事?

A:徐静(原十八梯居民)

可能我是十八梯最小的拆迁户,但其实我也是最"老"的、土生土长的十八梯女孩儿。我们家世代都是老渝中区人,都住在渝中区。我的祖辈、外婆、奶奶、父亲、母亲,还有我的舅舅,他们也都是渝中区原住民。我们家有好多户都分布于厚慈街、十八梯、解放西路等区域。

曾经十八梯的小餐馆主要面对低收入人群,价格相对其他地方低了不少。孙须 摄

以地为席，当街乘凉是十八梯老居民应对酷热夏天的一种不得已的方式。石涛 摄

这次十八梯的拆迁，我们家搬到了九龙坡区的同心家园。我舅舅、大姨妈家搬到了九公里的聚福里，我二姨搬到了可乐小镇，涉及了好几个区。

当年十八梯的很多区域，看起来确实是破破烂烂的，但这里的一草一木、一砖一瓦都有我成长的记忆和童年的回忆。我从出生，到后来的学习、成长、工作、出嫁，在这里有太多的回忆。

刻骨铭心的是，在拆迁过程中，拆迁指挥部、社区的叔叔阿姨们对我和我的家庭的帮助。直到今年我出嫁，很多阿姨叔叔还来送我出嫁。这份感情永世难忘。

Q：在十八梯的拆迁过程中，您经历了哪些事情？

A：徐静（原十八梯居民）

10 年前，渝中区启动十八梯拆迁的时候，我刚上大一。那年暑假，我父亲被查出来患有白血病。我父亲在重庆山城文具厂工作，单位体检的时候，检查出了白血病。听到这个消息的时候，我们全家都手足无措。那时我刚上大一，父亲是家里的顶梁柱。母亲得知父亲病情的时候，更是急得一夜白了头发，大出血住进医院。当时家里真的是特别困难。社区主任龙阿姨知道情况后，就带着社区的一些叔叔、阿姨们到我们家来关心慰问。

就在父母的病情都很严重，家里已经不知道怎么办的时候，龙阿姨让我把家里的实际情况和遇到的困难以书面形式向上级领导进行反映。在龙阿姨的帮助下，拆迁指挥部的领导了解到我家的实际困难，并到我家进行了实地调查，给予了关怀和慰问，让我们家又看到了希望。

当时我们家户头是两户，在拆迁办叔叔、阿姨的帮助下，很快办理好了拆迁手续。当时作为学生的我，什么都不懂，叔叔、阿姨们帮着我一起选了房子的位置和还建房的面积等。我们分到两套还建房，其中一套房就在现在的同心家园。父亲治病急需用钱，另一套还建房就卖掉了。这样才有了一笔救命钱，让我父亲得到了很好的后续治疗。

Q：搬离十八梯后，你们经历了哪些？

A：徐静（原十八梯居民）

搬离十八梯后，大家依然关心我们家。渝中区委区府、街道党工委、社区各级领导，都到我们新家来慰问、看望过我父亲，很关心我父亲的后续治疗。

到了 2020 年，我们家接到了医院一个特别好的消息：经过这十年的努力，父亲在一个好的环境下调养，癌细胞全部转阴，这是一个医学奇迹。

重医附属一院还把我父亲请到医院去做演讲。演讲的时候，父亲说首先要感谢十八梯的拆迁，以前居住的环境确实是破破烂烂的，不太好，拆迁以后，生活环境、居住环境非常舒适，有了良好而整洁的居住环境和小区环境后，身体才得以一步步地恢复、直到康复。这无疑是我们离开十八梯后，最值得庆祝的事情。

Q：未来，您希望为十八梯做点什么？

A：徐静（原十八梯居民）

这些年，我得到了渝中区各级组织上的关心和帮助，才能安心地生活、学习、工作，以后，我也希望积极投身和参与到十八梯的各项活动中去。

我现在成为了一名老师，今年是建党百年，我就带着我们学校的孩子来到我们渝中区参加了研学活动，让他们了解渝中区的老城、渝中区的城门城墙，包括现在的十八梯。

十八梯马上就要开街了，我也希望把这份古城文化的记忆，能够通过我微不足道的力量给传下去。以后，我一定会带领孩子们，来讲讲渝中区的故事，讲讲十八梯的故事。

90 年代的十八梯。贺兴友 摄

Q：您当时为什么愿意搬出十八梯？

A：秦文秀（原十八梯居民）

我以前在街道的群惠印刷厂工作。退休之前，一直在十八梯。既在十八梯上班，又在这里生活，理应对这里充满感情。但是从 90 年代开始，大量的打工人员涌入十八梯，这里就变得脏乱差，根本不像城市中心区的地盘。

当时，这里很多房子都没有卫生间和厨房，生活很不方便。一些房子也早已成了危房，走在上面都是噔噔作响。可以说，我们居住在这里都感到很压抑。

以我家为例，当时我们家三代人挤在一个 24 平方米的小房子里面，生活非常糟糕。拆迁之后，我们在可乐小镇分到一套 76 平方米的房子，条件大为改善。最让我感动的是，我们以前社区的工作人员，还没有忘记我们这些老住户，经常组织我们回来参加各种各样的活动。

Q：您是否再想回到十八梯？

A：张光玉（原十八梯居民）

说句实话，现在假如有条件，我还真想再回到十八梯。目前虽然我的户口迁走了，我家老一辈的户口都还在十八梯。

十八梯的老中小三代人。贺兴友 摄

　　我从 1983 年就开始在十八梯居住。以前在一家公路运输集团上班，45 岁退休后，我就开始在十八梯做点小本生意，主要卖火锅底料。因为我的配方还比较受欢迎，所以十几年间还带出来了十几个徒弟。

　　我平时性格大大咧咧的，看到十八梯乌七八糟的样子，很早就想搬走。当得知十八梯拆迁的消息之后，我首先举手表示赞同。拆迁之后，我搬到了云湖绿岛小区，居住环境非常好，离彩云湖公园就 10 分钟左右的路程，周边环境非常好，现在我也发挥余热，参与社区的公共事业，在新的小区里做起了楼栋长。

Q：十八梯的拆迁给您带来哪些生活变化？

A：秦思惠（原十八梯居民）

　　我现在还记得，当年我参与十八梯拆迁投票的全过程。当时我一家人住在 13.2 平方米的小房子里，本来一家三口居住就已经很拥挤了，后来丈夫的侄儿又和我们住在一起，就显得更加不堪。我家孩子是女儿，侄儿搬过来后，住在一起十分不方便。于是，我们在房子外面搭了一个偏房。外面下大雨，房里面下小雨。所以十八梯的拆迁，我是举双手赞同。

　　十八梯拆迁之后，我们全家分到一套 69.7 平方米的房子，房子还有一个入户花园。全家人包括侄儿的居住问题就解决了。遗憾的是，后来我老公被查出癌症，不得不把这套房子卖了给他治病。之后，房子涨价很多，现在想起来有点后悔，但是当时卖房的钱

毕竟维持了我老公三年零八个月的生命。

现在我住在南岸渝能国际,继续发挥十八梯居民热情的特点,持续为大家服务,去年还获得了南岸区"百佳楼栋长"的荣誉称号。

Q:您还怀念着十八梯的生活吗?对未来的十八梯有什么期待?

A: 胡云治(原十八梯居民)

我是在十八梯土生土长的,对这里的一草一木都有着极深的感情。最早我们家住在永兴巷,后来因为发生火灾,房子被拆了,我就在回水沟建了个房子。再后来,我把这个房子改成了一个米线馆,养活了一家人。

当然,拆迁我也是非常乐意的,谁不希望从楼梯房搬进电梯房呢?当时我选择的是货币赔偿,自己在南岸买了一套更好的房子。

我现在一有空就回十八梯转转,去看看修建的情况。我很期待十八梯未来的样子。曾经有一次跟随重庆旅游商会一起去看十八梯施工现场,我还根据自己对十八梯的了解,提了一些意见。

我一直学习口技,目前也算是重庆小有名气的曲艺家,经常参加各种社区的演出活动。未来的十八梯也会有一些类似茶馆的演艺舞台。目前,我已经收到邀请,到这些地方进行演出。我希望自己创造一些和十八梯、重庆历史相关的节目,丰富这里的文化内涵。毕竟未来的十八梯不再是一个地名,而是重庆的一个旅游热点。

国浩房地产
（中国）私人有限公司
集团董事经理

Group Managing Director of
Guoco Land Limited Property
(China) Pte Ltd
DEMING HAN

韩德明

十八梯印刻着重庆城市的记忆，是重庆其他地方不可替代的。在这里，我们可以感受老重庆的文化底蕴；同时她又是重庆城市更新的重要节点，代表着重庆下半城、重庆文化名片的新生。

新加坡国立大学土木工程学硕士，新加坡注册专业工程师及新加坡工程师学会资深会员。拥有 34 年房地产规划和建筑行业从业经验，在新加坡、迪拜和中国参与建设管理过多个重大项目。曾任永泰控股集团开发总监及中国区总裁、凯德中国西南区总经理。现任国浩房地产（中国）私人有限公司集团董事经理。

18T 项目效果图。国浩房地产（中国）私人有限公司 供图

Q：国浩作为一个新加坡企业控股的企业，怎么会选择十八梯这个项目？

A：我 1994 年就来到了中国，在很多城市工作生活过。在成都生活的六年，经常到重庆参与一些项目，特别喜欢这个活力四射的城市。所以，2016 年 5 月，我加入国浩之后，就建议我们董事局主席来重庆看看。外地人来重庆都是从渝中区解放碑开始，所以我们来重庆后，第一个拜访的对象，就是渝中区政府。

国浩与十八梯的缘分，更像"一见钟情"。实际上，从接触项目到成功摘地，我们只用了不到三个月时间。这里面有国浩对十八梯"一见钟情"的缘分，更重要的是十八梯是重庆母城的发源地，是重庆城市核心区，蕴藏着整座城市的历史文化与生活印记。这与国浩"选择城市优质土地，只做城市地标项目"的公司理念一致，所以当我们遇见了十八梯，就决定把所有精力都放在十八梯上。

十八梯印刻着重庆城市的记忆，是重庆其他地方不可替代的。在这里，我们可以感受老重庆的文化底蕴；同时她又是重庆城市更新的重要节点，代表着重庆"下半城"、重庆文化名片的新生。

当初利用十八梯围挡墙做的展览让很多人记忆深刻。马力 摄

对重庆人来说，这是一个有城市情怀的地方，对我们国浩来说，这是一个跟重庆城市共生长的好项目，这样的土地是可遇而不可求的。我们希望在这样的土地上，以自身丰富的国际开发经验和前沿的开发理念为重庆这座城市，为十八梯这片蕴藏重庆文脉的土地，注入新的力量与生活方式，让这片沉寂已久的重庆名片再次回归。

Q：当时的十八梯这个区域，呈现什么状况？

A：可以说是破破烂烂的，因为还在拆迁。我记得很清楚，就是下回水沟那边，还没有搬迁的老百姓，还在摆地摊，路口边还有旧货市场，但是有了之前的共识，这一切都不能影响我们的行动。2016 年 11 月 28 号，我们正式拍下十八梯项目的四个地块。

记得当年我每次出差到重庆，都会在十八梯转转。去了解这个拆迁的进度，有时会遇到原住民，跟他们聊天。从他们那里了解他们眼中的十八梯，以及他们以后想要看到一个什么样的十八梯。

在了解的过程中，有一点令我非常感触，就是我现在现场看到的围挡，简直就是一个展览，展览的是十八梯原居民的精神面貌。

我印象最深的是笑脸，那是一家人天真无邪、发自内心的笑脸，那是因为他们已经搬离十八梯了，搬到新家后，幸福感大增，一家都快乐。能够看到原住民离开几十年住的地方，得到那种幸福感、满足感，我觉得这是一个很大的欣慰。所以我们也下定决心，把十八梯作为一个重要的城市更新载体来开发，我们要做不让原住民失望的项目，这是压力，更是动力。

在我看来，18T 项目不只是国浩的作品，更是重庆这座城市的、三千万重庆人的文化名片与城市封面。我们希望更多地保留十八梯的文脉风貌，努力留下重庆人的记忆，这座城市的记忆。也是在这样的背景下，我们拿到地之后并没有急于推出项目，而是花了很多时间去了解十八梯，用了近三年的时间全身心投入到十八梯地块的前期调研、设计等工作中，对十八梯与重庆的内在城市逻辑进行更深层次的挖掘。虽然前期偶有质疑，但我们用行动给出了答案。事实证明，我们没有辜负这座城市，没有辜负这座城里的人。

Q：在做十八梯这个项目之前，你们做过类似的项目没有？

A：说老实话，城市更新这个话题，2016 年才刚刚开始，以前只有城市新建，就是把老房子拆掉重建，建得跟原来的不一样，面目全非。在我们国浩看来，城市更新是在城市文脉的基础上，传承未来，创造更多更新的价值，为城市注入新的能量。

这一点上，新加坡给了我们很多可以借鉴的经验。新加坡，是一个东西方文化和各民族习俗融合的国度，在那里你会看到很现代化的办公楼或酒店旁边，比如"牛车水"，它既保留着原来的风貌，但也有新的内容，而且新旧融合得很好。

对国浩而言，在十八梯更新与重生的过程中，尊重与保护十八梯历史人文风貌是不变的基调。在整体项目设计中，我们最大限度地保留了十八梯元素，配合政府规划如数

十八梯法国领事馆旧貌。图片来源《再见 十八梯》

火柴坊修复前后对比。国浩房地产（中国）私人有限公司 供图

保留下了十八梯具有历史文化意义的老建筑，如火柴坊、厚慈街 95 号、法国领事馆。不仅是保留，我们还会再融入一些新的东西，对它们进行个性化的保护和再打造，它们可能会转化为艺术空间，也可能是市民的休闲生活空间，让老建筑重新与人产生联动，焕发生命力，让十八梯成为重庆人文新名片。

Q：当时你们做这个十八梯项目的设计，过程经历了哪些周折？

A：这个周折太多了。我们十八梯四个地块从最高的地块到最低的地块，高差将近 50 米，风貌也很复杂，有几栋优秀历史建筑，如火柴坊，有法国领事馆，另外还有个学校的宿舍，建筑风格迥异，尤其是法国领事馆，还是国家级文物。

从外立面来说，这三栋楼的外貌是要保留的，这就给我们裙楼的外立面设立提出了更高的要求，比如说法国领事馆，你看它外立面是欧式的，所以我们周边的房子，裙楼商业部分的外立面基本是以这个风格来打造的。我们火柴坊是典型的民国建筑，那么我们周边沿街的商业，都是以这个风格来打造。另外一个考虑是和十八梯核心风貌区的和谐，它又是另外一种风格。

所以，从设计来说，回归城市更新的本质，这是一个非常有挑战性的项目。我们拿地之后，耗费了大量时间精力，全球范围内甄选设计机构，内部讨论许久，才决定邀请

国际顶尖建筑设计团队——UN Studio为塔楼外立面主笔，希望呈现"更重庆"的现代立面；裙楼的设计更是慎之又慎，在经过数十家国际设计机构的上百次方案后，我们特聘了LWKP操刀设计，做到建筑外立面风格统一，但内部空间更贴合当代人生活与功能需求。

当时各界都很关心我们的项目，所以我们在设计上花了很长一段时间，去推敲、打磨每一个细节，也很感谢政府相关部门对我们的支持。

Q：面对"两江四岸"的新举措，对你们的影响大吗？

A：政府"两江四岸"的政策出来之后，我们项目受到的影响是非常大的。但是我非常支持"两江四岸"的变化。把我们"两江四岸"该腾出来的地方腾出来留给自然，合理控制外立面和天际线，会给这个城市赋予更大的能量。

但是作为开发商，短期确实很痛苦，因为设计好了项目要推倒重来，要给投资商、股民交代。关于那段我们的纠结、困难与迷茫，在《18T 不只是路过》这本书里，其实还做了比较详细的剖析。幸运的是，我和我的团队坚持了下来。

我们配合政府调整设计方案、商议补偿方案，大家都站在换位思考的角度去处理这个事情，最终这些问题都得以圆满解决。

焕然新生的火柴坊。国浩房地产（中国）私人有限公司 供图

Q：火柴坊这栋楼在修复过程中故事很多，谈谈这个过程。

A：城市更新，并非简单地拆了重建。而是需要尊重十八梯这片土地，尊重历史传承下来的人文底蕴，我们希望更多地去保留十八梯原来的历史风貌，保留重庆母城发源地的这份情感与情怀，在传承的基底上进行创新设计。

火柴坊是我 30 多年工作生涯中接手的第一个优秀历史建筑，可以说，它是我一生中可遇而不可求的一个项目。但我们接手时，火柴坊完全可以用残垣断壁来形容。窗、屋顶、楼板、门都已拆完，只剩下破破烂烂的四道墙。

为完整地复建火柴坊，我们团队查询了大量火柴坊的历史资料，并拜访了渝中区文物及档案管理等相关部门，经过无数次推翻，才敲定复建方案，并选择了一种最笨、最难的方式，按照文物修复的方法，保护性建设。

整个修复过程，从落架再重建，耗时 1031 天。为保留火柴坊"原有的历史记忆"，我们以纯手工拆卸残留的四周青砖砖墙，将砖块上的灰砂剔凿清理干净，派专人按砖块的尺寸、完好程度、种类进行分拣，再分类编号堆放，修复了 1475 块带"吉"字的青砖，将其用于火柴坊的复建；复建过程更是做到细节的极致把控，墙体的每一块青砖之间的缝隙保持在 8 - 10 毫米，做到"砖块泡澡不吸水"；屋顶的每一片瓦露出三分之一，做到有效防潮……

或许很多人不理解我们的选择，认为我们投入过多的精力在项目之外。但是，当你真正投入到这个项目的时候，你会很专注，你知道你该做什么，不需要外人去理解你，也不需要去跟外人说你为什么这么做。今天我们坐在火柴坊里面，再回顾整个修复的过程，我们一辈子都不会忘记那 1031 天，火柴坊就是我们实践城市更新的一个代表作，也是我们留下的一个"城市作品"。

Q：现在火柴坊已经焕然一新了，现在这个建筑主要有什么功能？

A：我们花那么多精力把火柴坊打造出来，也赋予它新的使用功能。现在的火柴坊有两个功能，一个是我们的销售中心，另外一个功能就是一个体验中心。

在复原火柴坊歇山式屋顶、女儿墙、小青瓦铺面、砖柱砖墙等外观之外，我们做了很多创新的尝试。如火柴坊内部植入了目前全国仅有的"黑科技"——影像会客厅、红酒雪茄吧、私宴厅、电动伸缩楼梯、健身房等配套，让每一位到此的业主，既能真实地触摸到融入建筑风骨里的历史温度，也能感受时代前沿的科技与生活。

Q：在做十八梯项目的过程中，有哪些关于城市更新的经验，可以分享的？

A：十八梯是重庆的根与魂，她的更新与重生牵动着重庆整座城市的心。

在我看来，城市更新有两种概念，一种是"破坏性的建设"，一种是"建设性的破坏"，我们要做的是"建设性的破坏"。城市更新，破坏不可避免，但我们对原始历史价值元素要保留，同时融入新的内容，赋予传统新生。

我们拿地之后，花了很多时间去找资料，了解十八梯的历史。只有我们了解了这个地的价值在哪里，我们才可以有一个设计的切入口，新旧结合更需要精心设计。如果18T 项目纯按照商业的价值最大化角度来设计，会违背城市更新的格局，现在刚刚好。

18T 项目的布局奇妙得恰到好处，新的是 7 栋超高层，所有的高楼拥抱着中间旧的十八梯传统风貌区。如果将一栋楼比喻成一个成人，这个布局就像 7 个成年人拥抱着、关注着中间的小孩，意味十八梯的新生与成长。同时，高层建筑国际化的外立面，与十八梯传统风貌区的历史风貌相呼应，有一种历史的空间重叠感，令人的视觉及感官在传统和时尚之间穿梭。

Q：您作为一个外籍人士，希望十八梯这个项目在未来的母城中，担当什么样的角色？

A：这个问题必须得回到我们的初衷，当年为什么要重建十八梯，我们的初衷就是希望原住民虽然离开了十八梯，但我们建成之后，他会对政府原来做的决定和他自己本身做的配合，感到很自豪，因为十八梯更美好了。

我希望十八梯项目本身成为重庆乃至全国城市更新的一个典范，因为这里有一个很好的新旧融合的实践。之于重庆母城，它应该是一个历史记忆和时尚活力的新载体，既有让新住民、旅游者陶醉的生活体验，也有让原住民念念不忘的黄葛树、老街巷。

我们用时间与精力慢慢打磨作品，是期待18T 项目能够成为重庆城市的封面坐标，耐看、有内涵、有情怀、能传承，也能提升城市生活品质。也期待更多人在十八梯，在18T 项目感受重庆新旧故事交融的魅力。

钟飞鹏

总经理
文化发展有限公司
重庆十八梯
新天地集团

General Manager of Xintiandi Group
Chongqing Shiba Ti
Cultural Development Co., Ltd.
FEIPENG ZHONG

每一栋建筑都有它的生命，都有它不同的年龄和成长的空间。这才是十八梯野蛮成长的生动体现。

江西吉安人，1975 年出生，1995 年参加工作，曾担任山东三株集团市场部执行经理、上海三久股份有限公司市场经理、北大纵横管理咨询集团合伙人、成都尉洪建设集团副总经理。现任杭州新天地集团重庆十八梯文化发展有限公司总经理。

面貌一新的十八梯片区。张坤琨 摄

十八梯旧貌换新颜。龙帆 摄

Q：杭州新天地在什么背景下进入重庆的？

A：杭州新天地是一家非常特别的企业。

首先，它不是一个单纯做房地产的开发企业，第二，它做的更多的是带着城市运营或城市更新属性的产品。

早在 10 年前，杭州新天地集团就开始在全国布局了城市更新和文旅项目。我们在杭州做了一个项目叫杭州新天地，将一个老的工业厂房改成 180 平方米的纯商业区，这个项目做成了全国的一个标杆，里边带动了 6 张新名片，实现了产业、文化、商业等各种整合的资源。

后来，我们在千岛湖复兴了浙江新安文化；在浙江长兴用一个贡茶院小镇的项目，延续了陆羽写《茶经》地的文脉。2015 年，我们开始想在全国各地去布局项目，我们想到的第一个项目就是落户西南，其间我们到了成都、重庆，看了很多的项目，成都的文旅项目和文旅开发资源走得要比重庆更早一些，所以那边的项目基本上都已经成熟了，耳熟能详有宽窄巷子、文殊院等，调研成渝两地之后，结合国家大的策略，我们觉得未来重庆这座城市发展潜力更大，所以我们就把重点投在重庆。

Q：为什么会选择十八梯这个项目，作为重庆市场的开端？

A：当时在重庆也看了一些项目，看了十八梯以后，我们就觉得其他的项目都不用再看了。因为在我们看来，十八梯是最具有重庆的历史文化根源的地方，重庆的根就在下

晨光照耀下的十八梯新景。图虫创意 供图

半城，下半城的根就在十八梯，一个城市需要一个类似于文化名片的项目，重庆的很多项目，其实都不能真正代表重庆的文化历史，但是我们觉得十八梯是有空间的。

基于这个原因，在政府挂牌的时候，我们就毫不犹豫地把十八梯拿下了，这也符合我们杭州新天地的业务方向。

Q：当时你们过来的时候，十八梯处于什么样的状态？

A：2016 年 12 月，我第一次到十八梯。当时围着十八梯绕了几圈，深深地为之震撼，我觉得这是一个很美丽、很漂亮，未来前景会很好的项目，但是表面上遮了一层很不好的东西，如果我们加以设计和建设，它的美丽就能真正绽放出来。

Q：当时这个项目备受关注，你们的设计方案是怎么打动地方政府的？

A：其实我们的设计理念最重要的原则就是留住记忆、留住乡愁，因为这个项目实际上不仅是一个商业项目，还是一个文化项目，同时也是一个旅游项目。

如果我们单纯地把它作为一个商业项目来看的话，那么十八梯项目做商业的时候，我们就会重点考虑动线，考虑它的便捷性。十八梯这个项目的高差有七十多米，做商业就会把这个破坏掉，然后修几个大的商业盒子，如果这样做，就把原来保留记忆的地形地貌全部破坏掉了，十八梯的灵魂也就消失了。

我们进来之后，为了原汁原味地保留十八梯的特性，花了将近高于市场价格 10 倍的价钱，请清华大学的设计院来为我们做方案设计。设计单位给我们最后形成了一个方案，完整地保留原来的地形地貌，原来的七街六巷，甚至原有的梯坎、树木、崖线、堡坎也被保留下来。原来居住在十八梯的这些居民，再次回到十八梯，可以找到儿时的那棵树和小时候刻过的那块砖。

实际上，这个原则对于我们来讲，是增加了很大的设计难度和施工成本。因为地块高差有七十多米，46个组团的建筑，有247个不同的建筑风格。两百多栋房子，没有一栋房子的平面、立面、坡面是一样的。

在修建之前，还专门请了测绘团队，去把每一栋房子的外立面做了测绘，在保证安全的前提下，我们尽可能地按照原来测绘的数字去复原每一栋建筑。

Q：这种做法几乎是按照文物修复的理念来修复街巷，成本高不高？

A：为了保留这些街巷、树木、梯坎，我们的建造成本比一般的建造成本多了30%。记得有一栋非常难得的50年代的建筑物，它确实不好做商业，层高只有2.6米，按照现在的业态要求，连空调都装不了，管道就别提了。

为了保留这个建筑，施工时，我们先把建筑里边的结构掏空，然后用钢结构把房子撑起来，保留一个外皮，再用碳纤维把外皮拉起来，确保整栋房子不会垮。然后，我们才开始重新挖地基、做主体，里边砌一堵三十公分的墙，用一个角钢把外面的碳纤维拉住，这样延展房子高度，以满足现在的使用。光这个房子，我们就花了一年半的时间，成本是修新房子的两到三倍。

Q：按照你们现在恢复之后的情况，各个年代的建筑都有了？

A：对，我们整个项目的建筑风格实际上有五种，最能体现重庆不同时期的各种特色。首先有巴渝传统建筑，这种建筑实际上在很多地方都是非常常见的；我们还有像明清时期的灰砖青瓦风格的建筑，另有民国时期、开埠时期、近现代的建筑。1891年重庆开埠后，这个时期的建筑风格有点偏欧式，和其他四个时期的建筑截然不同。

这五种风格，我们认为它是十八梯野蛮成长过程的生动体现。因为实际上十八梯是没有太多规划的，这种野蛮成长的背景下，每一栋建筑都有它的生命，都有它不同的年龄和成长的空间。

如果我们把十八梯做成统一的一种风格，那就完蛋了。这个项目就变成了假大空的项目。建设过程中，我们努力还原这些建筑，历史上有什么风格，尽量地还原出来，那些看似杂乱无章的建筑群，实则富有生机。

Q：面对这么多的建筑，这么多的街巷，现在整个项目有着怎样的功能分区？

A：我们根据不同地形地貌，把整个项目分成五个区，配置了不同的业态。

沿着十八梯主梯道下来的A区和B区，这里是未来人流最多的空间。我们把它定

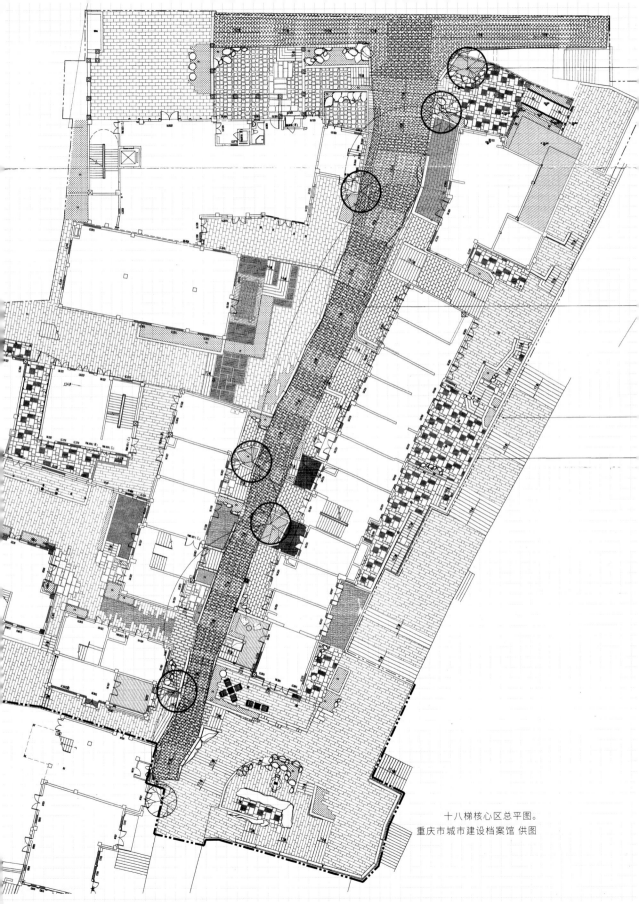

十八梯核心区总平图。
重庆市城市建设档案馆 供图

采用巴渝传统建筑风格打造的新十八梯。张坤琨 摄

义为传统文化中心,展现老重庆,承载重庆文化特性。C区地形很陡,高差在50米左右,规划了一些文化酒店。我们把它叫做国潮文化中心,未来是吸引年轻人和游客的。

D区靠近解放西路,我们定义为是国际交流中心。我们觉得未来重庆作为西部的一个重要城市,也是国际交流的重要窗口。因此,这个区域里更多是做博物馆和文化馆的展群。我们在这里规划了五个文化馆,另外还做了一个建筑投影秀来演绎母城故事。

E区我们把它规划成一个生活方式中心。它主打的是夜经济、潮流生活,潮流产品的销售,里边规划了很多的酒吧、潮牌产品的销售。

Q:如此复杂的业态规划,怎么与周边项目发生联系和互动呢?比如临近的解放碑地区,动线上是如何规划的?

A:为了加强十八梯和解放碑的联动,渝中区政府重点规划了解放碑和十八梯的沿街道路,规划了一条专属的文化大道。从解放碑到十八梯,经过较场口转盘。文化大道设计上,政府预计花上亿的资金打造两个概念,一个是白天的景观景区,两边的风貌正在做改造,地面正在做改造,然后加一些文化的艺术装置,让更多的解放碑的人往十八梯引流;另一个则是晚上的星光大道,两边做了亮化,自然引导人群。

Q：十八梯传统风貌核心区还专门设有防空洞的博物馆空间？

A：既然十八梯叫城市文化名片项目，那么它的文化属性一定要拔得很高，文化属性也要很丰富。我们整个项目的文化业态，规划面积占到40%以上，这在很多的项目是看不到的。因为大家觉得文化业态不一定能挣钱，投入大、回收期慢，还不如餐饮和零售。

而我们不同，我们认为做好一个城市文化名片的项目要把文化放在最核心的位置，所以我们公司投资了一个多亿，建了六个文化的主题店。其中就有防空洞博物馆，主要展现抗战时期重庆人愈战愈强的抗争精神。

除了这个展馆以外，山城记忆馆是展现山城的一些历史记忆片断和十八梯的人文故事。还有在D区规划的于右任旧居纪念馆，以及"天风琴社"文化馆。"天风琴社"是民国时期重庆最顶级的一个琴社，我们用一千多平方米的空间复原出这个文化盛景。

我们还投资了一个文化酒店，有72个客房，更多地呈现尚武文化。因为重庆比较喜欢尚武，加上十八梯之前有一个尚武巷。此外，香港警察礼品廊也是我们自己投资的，这个也是大陆的首店。

Q：新天地还是一个来自于东部地区的企业，到重庆来之后，带来了哪些比较时尚的元素？

A：来了以后，对十八梯进行整体提炼，总结出了九个字：真山城、老重庆、新生活。国际化的元素，我们把它更多地描绘在"新生活"里，因为一个项目如果完全是老的，完全是旧的，也不一定是好的。文化是可以去找它的根，找它的脉，但是现代人的生活还是比较喜欢时尚，比较喜欢国际化的，所以我们很注意商业原则。

我们特别注意一些潮店的引进，星巴克、国际文化潮流店、香港警察礼品廊，或者是其他一些拿得出手的国际知名品牌，我们尽可能地引进它们落在十八梯。我们是非常欢迎国际化的商户进入十八梯的，这样好体现重庆元素和国际化元素的碰撞，让十八梯成为本土化、国际化和潮流化集结的一个窗口。

除了时尚潮流品牌，我们还注重对传统文化的吸纳，我们引进了朱炳仁铜器博物馆，朱炳仁是浙江的一个国家级的工艺美术大师，会在十八梯做一个西南的首店，整个屋子都是用铜包住的。

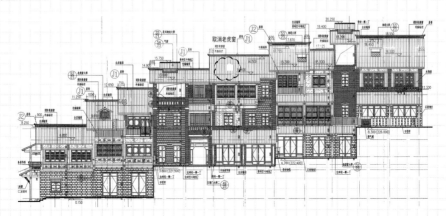

建筑师

Architect
HAO LONG

龙灏

改善城市最低收入居民的居住条件显然不能走纯市场化道路，短期内依靠个人、家庭或市场的力量，并不能太大地改善自身居住条件的期望，必须依靠政府合理的政策调控来实现城市最低收入阶层的『安居之梦』。

博士，重庆大学城规学院教授、博士生导师、建筑系主任，重庆大学医疗与住居建筑研究所所长。兼任中国建筑学会医疗建筑分会副主任委员、中国城市科学研究会健康城市专业委员会副主任委员、中国建筑学会建筑策划与后评估委员会常务理事、中国土木工程学会住宅工程指导委员会委员等职。在医疗建筑、居住建筑设计与理论等研究方向之外，对重庆大学及中国近代建筑教育办学历史和与之相关的重庆城建史有所涉猎。

十八梯小旅馆。马力 摄

Q：一晃事情都过去二十多年了，当时您怎么想到要做类似十八梯，这样区域的城市低收入者的住房情况调查？

A：那个时候，改革开放已经 30 年，特别是新世纪以来的 10 多年的大规模建设，使中国的城市面貌发生了极大的改变，城市人口的居住面积也有了很大提高。据统计，1996 年重庆市城市人口"人均房屋居住面积"达到 8.13 平方米以后就再也没有低于过这一小康居住目标，2006 年已经达到人均房屋建筑面积 24.52 平方米的较高水平。

作为一个老的渝中区人，据我观察与此不相适应的是，城市最低收入阶层的住房问题，在此前相当长一段时间，未能引起相关管理部门的足够重视，尽管有一些政策出台，但无论是政策的可操作性，还是对具体问题研究的深度，都存在较大的缺陷。例如，在城市规划方面，对大多聚居在城市中心区的低收入居民来说，城市更新中的拆迁安置到底是改善了他们的生活条件，还是让他们失去了安身立命之所？是修建新的集中成片的聚居区供其居住（购买或租住），还是在建设的各类居住区中适当配建？这些问题都需要结合城市的具体区域实际进行深入的研究，才能得出结论。

我当时调研的目的，是希望通过实地调研，详细地、定量地而不是粗略地、定性地了解到城市最低收入居民的居住生活现状，数字化地展现城市最低收入居民的真实生活场景。

以前，提到十八梯就会联想到"棒棒"。贺兴友 摄（收藏于国家美术馆）

Q：当时的调研的对象，是如何选择和确定的？

A：2000 年 9—12 月间，我组织了第一次城市低收入居民居住状态调查，重点在了解住房制度改革以来重庆市区低收入居民的空间分布，住房与居住生活的现状以及对未来居住状态的愿景，因此，调查对象很显然应该锁定在城市中居住生活的低收入居民。

然而，茫茫人海，偌大一个重庆城，这些在城市中居住生活的低收入居民又该上哪里去找呢？

当时在我国，由于对城市贫困区并没有明确的定义，政府采用定量的方法对居民按收入加以区分，用最低生活标准（即低于最低保障收入线的家庭可以向政府申请补助）来对贫困居民加以保护。然而初步研究之后发现，采用上述贫困线的方法不能有效地将社会低收入群体区别出来，但是由于不是每一个贫困家庭都向政府申请了最低生

活保障，这就意味着政府也没有统计完整的低收入居民名单。因此，要想事先取得具有统计意义的详细的城市低收入人群的信息，再来从中挑选调研对象，本身就是一个不可能完成的任务。

由于特殊的地形地貌以及长江、嘉陵江的重要影响，重庆的居住区大部分分散在各个地方，而非集中在一个或者两个大的区域。尽管这些过去修建的住宅区大部分在近几年都经历了重建，但依然有一小部分传统的、老的贫民房存在于中心区。基于以上原因，我经过一些初步的理论准备和调研之后发现：用地区来划分低收入群体的方法最为有效。一般来说，在重庆这样的大城市中，这些低收入群体地区包括：

传统的老居民区；在过去 30 年，大部分这样的老居民区的经济都有所发展，但是仍然有一些地区的居住条件很差，居住人口主要是有城市常住户口的城市贫民。

国营大厂的单位宿舍区；这些居住区与那些有着严重问题或者是已经倒闭的工厂

有着密切联系，这里居住的人们大多数是工厂的退休或下岗失业职工。

城市郊区的城乡接合部；在这里居住着大部分城市外来暂住、流动人口。

这时，我根据公开的信息和自身的观察，对重庆市区内低收入居民聚居的区域进行了梳理，然后按照研究预设的立场选定了四个区域进行调查，分别是渝中区的十八梯片区、石板坡片区、王家坡片区以及沙坪坝区的土湾片区，这四个区域都是比较"著名"的而聚居人口性质各异的低收入居民区，随后在这四个片区中采用等距离采样法对抽中的居民进行了具体的问卷调查，有效问卷共计完成 599 户，其中常住人口 351 户，暂住人口 248 户。

Q：当时你们深入十八梯这样一些区域调查时，问卷主要涉及哪些内容？

A：问卷是经过了多轮设计的，主要涉及被调查者的基本背景，包括"家庭人口""职业与就业""家庭经济收入与消费"等。具体问题主要是"家庭居住人口数量及户型、教育程度、收入及变化情况、消费额度及变化情况、工作时间性质"等等。

在住房和建筑的具体问题上，我们关注被调查者的住房建筑本身的状况，包括"住房现状""过去的住房状况"等。具体问题主要是"住房的修建年代、楼层、套型、主要设备设施、房屋产权情况"等等。

Q：通过调查问卷你们收集了很多真实的资料，当时有哪些比较直接的结果？

A：调查数据说明了很多问题。比如：低收入聚居区居民们的住宅建造时代久远、质量堪忧，基本功能和设备设施配套不完善，只能大体满足居民们的基本生活需要；如果以小康生活水平对住宅的要求来衡量，低收入居民住宅的卫生设备配套有明显的差距，住宅完整成套率较低，厕所独用率以及洗浴设施配套率更是明显偏低，污水排放和垃圾处理方式很不卫生，总体卫生条件较差；住宅基本没有阳台，意味着住户洗晾衣物大多得占用公共空间，更加剧了城市空间的混乱。

但是在对现有住房及环境的满意程度与对拆迁安置的态度调研时，我们发现：有80.3% 的居民对现住房条件不满意，满意的只有 19.7%；希望房屋被拆迁的占 79.3%，而不希望拆迁的有 20.3%。对现有住房的面积、房屋结构和室内设施分别有 64.4%、67.5% 和 68.1% 的住户表示不满意或很不满意。可见长期以来这些居民居住条件的改善大多数处于基本停滞的状态，他们大都对目前的住宅条件表示不满，希望房屋能够被拆迁重建。

但是另一个有趣的现象是，尽管被调查者大多数对住房条件本身很不满意，但他们对现有住房所处的社会环境却表现出了截然不同的态度。对居住地段有 57.2% 的人是表示满意的，表示不满的只有 23.1%；对邻里关系表示满意的高达 83%，不满意的仅 1.2%；对本地社会治安表示满意或不满意的基本持平，分别是 34.9% 和 34.5%，这充分显示了一般城市最低收入阶层所聚居的区域往往具有良好的社会、人际关系，是很

十八梯花街子里的居民院。
贺兴友 摄

有生活活力的聚居区，而并非外人想象的外表看上去的那么"脏乱差"。

Q：在完成这个低收入群体的住房问题调查后，您有哪些思考？

A：从 1949 年直至 20 世纪 80 年代中后期，中国城市住房都是由社会主义国家计划体系统一调配的，同工作机会的"铁饭碗"一样，住房供给是社会主义体制下中国福利体系的重要组成部分，到 20 世纪 80 年代中期，80% 以上的城市居民要么居住在工作单位提供的住房内，要么居住于政府修建的房屋当中，因此住房制度改革及住房商品化、私有化对社会及经济有着深远的影响。

在城市化过程中获益的群体大都是政府和大型国营企事业单位的人们，同政府部门有着密切联系的群体也是改革进程中的巨大受益者。而那些从古至今同政府部门联系甚微（如企事业单位的工人），或者是根本同政府部门没有直接关系的群体（包括集体单位的工人），则在改革进程中没有获得任何利益，甚至有些人发现在这一过程中他们的利益被侵占或削弱了。其结果就是传统工业部门中的非技术性工人、无业人群以及集体单位的绝大部分工人，成为城市最低收入居民的主要组成部分。他们当中的大部分都居住在老旧的居住区以及已破产单位的住宅区中，尽管也许近在咫尺，但这些贫民区（一般包含几百甚至几千户家庭），已经同城市现代繁华的商住区，有了明确的物理或心理区隔。

大部分城市最低收入者在城市里拥有一处居住了数十年的自建简易房类型的住宅，建造年代距今较为久远，建筑平面功能不能适应当代生活需要，建筑结构安全性也十分脆弱，住宅功能不全面，质量较差，只能大体满足居民们的基本生活需要，在十八梯的调研过程中，这些体验尤为深刻。

调查中的很多数据都发人深省，在当时的经济、社会条件下，改善城市最低收入居民的居住条件显然不能走纯市场化道路，短期内依靠个人、家庭或市场的力量，并不能太大地改善自身居住条件的期望，必须依靠政府合理的政策调控来实现城市最低收入阶层的"安居之梦"，这一政策所能提供给居民的必须尽量是面积适用、规划合理、设计得当、环境适宜的住房，因为那才是低收入居民理想中的住房，穷人也有梦想的权利。

Q: 如今看来，我们的政府提供了大量廉租住宅，满足了很多低收入群体的居住需求，您当时针对低收入群体的居住空间，有什么具体的设计方案？

A: 我当时针对廉租住宅部分做了一些设计思考，觉得应满足几个方面的要求。

食寝及公私空间分离：将用餐在内的家庭主要公共活动行为从卧室中分离出来，在廉租住宅中，可以充分考虑时间的因素，把起居、家务活动与用餐、厨房功能重叠，利用各功能对空间使用时间要求的不同将用餐空间、备餐空间、烹饪空间和起居空间组织到一起形成一个真正的多功能厅。

就寝分离：按照一定的年龄标准应为父母、不同性别的小孩以及同性别小孩提供各自的卧室，满足人的基本生理和心理需求。由于廉租住房居民家庭人口偏多而住宅的建筑面积有上限，因而廉租住房必须努力考虑在套型设计上照顾廉租居民"住得下、分得开"的需求，为必须分室居住的居民提供可能性。

工作学习分离：廉租住宅中既要考虑部分家庭在家工作的需要，也要满足部分家庭孩子在家学习的要求。在廉租住宅中，一般的套型尚不具备单独设置学习或工作室的面积，只能考虑一块相对安静和独立的面积。

卫生空间分离：廉租住宅的卫生间设施应与居室完全分离，保证最低的使用需求，空间应合理、清洁、卫生、安全，南方地区有条件时，可考虑结合阳台空间合理分隔洗面、洗澡、便溺、洗衣等四大功能。

综上所述，由于廉租住宅建筑面积标准的严格限制，廉租住宅建筑室内空间分离的基本品质需求，必须考虑在人体工程学、材料工程学以及建筑构造等专业学科的支持下，充分引入"时间维度"的概念，力争在有限的"时空体积"内为廉租住户实现更多的实用功能分离，如合理适用的生理分室、方便实用的储藏空间、安静独立的学习空间等等，力争实现在"四维空间"的概念下实现廉租住宅实体空间的完全利用。

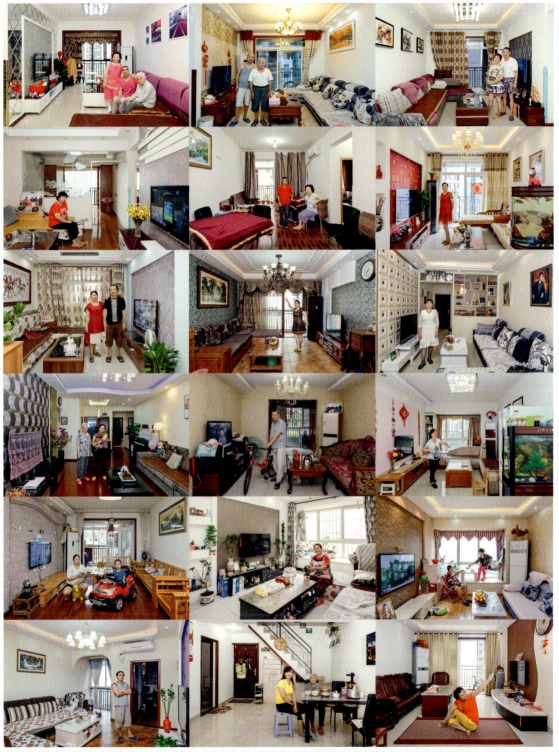

十八梯人的新客厅。马力 摄

八公里铠恩国际
鱼洞

白居寺长江大桥

李家沱大桥
马桑溪大桥
工商大学

重钢厂旧址

四公里轻轨站

鹅公岩大桥

中新城上城

重庆天际线。陈云元 摄

不断生长的
城市天际线

石门大桥
华村大桥
陆海中心
菜园坝大桥
园坝火车站
长江大桥
山城巷
十八梯
花园大桥
大剧院
朝天门大桥
来福士广场
东水门大桥

　　世界高层建筑奠基人——路易斯·沙利文，在 100 年前就曾精准定义过超高层建筑与城市发展的关系，指出"建筑高度的背后，是一个城市的梦想"。如今在社会经济不断发展中，这句宣言也早已经被时代印证。纽约帝国大厦、吉隆坡双子塔、曼谷大京都大厦、香港国际金融中心、上海中心大厦……几乎每个发达城市有着自己标志性的超高层建筑，点亮着城市向上的梦想。

　　重庆作为一座"生长在石头上的城市"，是世界上拥有最多摩天大楼的山地城市。它们与发展中的重庆一起，讲述着人们对城市力量与向上发展的期待。而如重庆环球金融中心（WFC）、陆海国际中心、重庆来福士这样的超高层建筑，不但让城市起伏的天际线变得更加绵延，更在设计与技术层面都书写了当时各自所处时期的行业传奇。

　　但随着对全球节能减排问题的日益重视，超高层建筑的投资、设计、建造以及管理也都迎来了自己的转变。它要满足的，也已经不再单独是建筑的问题，还包括生态环境、交通问题以及如何为城市发展更好赋能的问题。而关于未来摩天大楼如何转型，人们如何建设一个更加宜居宜业宜游的城市，更是需要地产商、城市管理者与规划者，以及民众共同参与的问题。

很多时候一个城市的现代化程度、经济实力和环境生态都藏在城市鸟瞰图里，当然也藏在天际线里。

建筑师、规划师

Architect · Planner
SHIYU LI

李世煜

1982 年毕业于重庆建筑工程学院建筑系建筑学专业。历任重庆市城市规划设计研究院详规二室副主任、原重庆市规划局副总工程师、总工办主任、建管处处长；高级建筑师、国家注册城市规划师；重庆市规划和自然资源局专家；重庆市城市规划协会、重庆市城市规划学会和重庆市城乡建设与发展研究会常务理事；重庆历史文化名城专业委员会副秘书长。重庆市住建委、发改委、交委、城管局、文旅委、民政局等部门和 10 余区县专家；四川、山东、湖南、宁夏、贵州、云南等省及广安市、安康市专家。曾作为项目负责人主持完成多项重要规划设计和建筑设计方案。现任重庆凯瑞城市规划设计有限公司创始人之一。

开埠时期，自然天际线便是重庆的城市天际线。 张伯林（英）摄

Q：随着我国城市化进程不断加快，人们开始越发关注起城市规划对城市建筑的影响，能先谈谈两者之间的相互关系吗？

A：通俗来说，城市规划和城市建筑是整体与局部的关系。城市规划和目前的国土空间总体规划是根据一定历史时期内城市社会经济发展水平及目标，对城市及乡村的国土空间和各类资源的合理配置。这涉及土地利用、空间布局和各类公共服务设施及市政基础设施的统一部署。而单体建筑或建筑群是其中的有机组成部分。城市规划、国土空间规划是宏观的，甚至战略性的；由城市行政管理机关主导编制、论证，按法定程序公示后批准并组织实施。而建筑则由其业主或权属单位委托具有相应资质的设计单位完成方案设计、初步设计和施工图设计，经城市行政管理部门按法定程序审查批准后施工修建。建筑方案设计必须符合经批准的城市规划及规划行政管理部门核发的规划条件。城市规划依赖建筑及城市道路、绿化景观等要素的有机组合，才得以从文字和图纸变成丰富的立体空间形态。城市规划和建筑学是两个具有很强的人文社会科学及形象艺术特质的工科专业。两者关系紧密、相互依存又相对独立。

不过，我们在观看和欣赏各类优秀建筑时，都会发现它们不但具有自己的特点和个性，同时也与周边环境相互融合，浑然天成。这就是建筑师将设计理念、城市规划和建筑功能融合的结果。人们经常听到的一种说法是："城市建筑是凝固的音乐。"对规划师而言，建筑则是城市乐章中一个个音符。规划师们运用富于空间艺术想象力的专业技术，把城市建筑和其他资源要素规范而又整体和谐地有机组合，创作出一座座总体风貌既统一又具有鲜明个性，视觉效果强烈的城市。使无数单个建筑组合成为激动心弦、气势恢宏的立体乐章。这样的立体乐章可以慢慢欣赏，细细品味，甚至抚摸敲触。它们赋予人们视觉感官和精神心灵的双重刺激与享受。

重庆十二时辰，城市建筑在不同时段的样貌。李红光 摄

　　这样，也就决定了城市规划是宏观方面的。因为想要提升城市良好形象与人民生活环境质量，就必须根据城市未来发展方向合理有效地利用土地资源。在不违背建筑功能、用地性质、容积率、建筑密度、绿地率、停车位等强制性规划条件要求下，如何设计，采用何种结构形式，使用何种施工技术、材料修建，就需要业主、开发商与规划师、建筑师认真协作商议了。

　　Q：城市规划是需要不断与国家政治经济文化发展水平相适应的，在房地产行业飞速发展的这些年，我们对城市功能和建筑审美的需求也在不断改变，城市规划是如何应对这种改变的？

　　A：城市规划需要按照国家标准和人口比例来对城市资源进行安排与分配。面对公共社会资源，像学校、医院、图书馆、城市道路等，我们实行的是划拨制。其中的土地功能、

建设强度、覆盖率等都已经进行了规划，属于国家应向民众配置的公共福利。商业开发则走的是另外一条路子，那就是土地使用权出让。

以前一般是开发商先参与国土部门的土地使用权竞拍。竞拍摘牌后再向规划局申请建设用地规划许可证。规划局在对开发商的资质、背景审核以后，提出规划条件，开发商按标准执行。但早期因为很多城市处于发展初级阶段，对开发商的审核没有那么严格，所以有些开发商可能会违规操作，出现变更容积率、绿化不到位等问题，出现扯皮现象。现在随着国家对生态文明建设的重视，国土资源局和城乡规划等职能部门合并为自然资源局，对土地资源配置与管理就有了更高的要求。

改革开放四十多年以来，城市规划也不断在探索自己的道路。因为一个好的城市规划它不但影响着城市基本功能的正常运转，还关系到城市未来经济和社会环境的健康发展。我们从以前重经济发展到现在更重可持续发展与生态环境保护，无论开发商

早年，位于鹅岭公园的瞰胜楼是城市之冠。 黄祖伟 摄

还是市民对于城市宏观规划建设的意识都有了很大提高，这是好事。因为只有大家都更积极地参与进来，我们的城市规划才会变得更合理、更成熟，同时也更完善。

Q：站在规划师的角度，怎样考虑城市中建筑群落的分布？如您所说，城市规划是一个完整的乐章，那高层建筑作为城市发展的必然，它会被放在乐章的哪个位置？

A：谈到这个问题，就不能不谈到城市的总体形象与风貌，包括它的天际轮廓线，而其中最绕不开的，就是母城渝中。因为渝中半岛的山脊线非常漂亮，像一条卧龙，所以对于它的规划更需要审慎。在2002年3月，市规划委员会决定采取公开招标的方式，征集"渝中半岛城市形象设计方案"。公告发出后，德国佩西设计公司、法国AS设计公司、美国SOM设计公司、美国盖斯勒设计公司、上海现代建筑设计集团和重庆市规划设计研究院都参与了竞标，最终评出了3个优胜方案。

方案根据建筑天际轮廓线和自然地形特点，把渝中半岛分成了三段八片。第一段就是重庆嘉陵江、长江两江交汇之处，到解放碑商业区，城市天际轮廓线主要由低矮的朝天门古城墙、和平路、民族路高低错落的建筑轮廓构成，突出城市的水运交通和商贸功能。第二段是七星岗到两路口，因为枇杷山山脊线较为明显，所以应该控制建筑高度，和谐处理建筑轮廓线和山脊轮廓线的关系。第三段就是鹅岭到佛图关，地形落差大、地势险峻，所以用它作为城市自然地标，是休闲健身、旅游观景胜地。

后来的开发建设大致就是围绕这个方案在运行。方案中还提到了"城市之冠"，分别在解放碑商业区的民生路、小米市地段和两路口中山二路、中山支路围合地段，布局两组超高层建筑群——"民生城市之冠"和"中山城市之冠"，构建出新时代山水城市高低起伏的城市天际轮廓线。

为什么确定在这两个地点呢？因为它们所处位置符合渝中半岛黄金分割的比例，建成后既不会与城市最低点沿江地带争抢空间，也不会与枇杷山争高度。经过专家评审和市民投票后，大家也都认可这两个地方作为重庆超高层建筑集中地。确定整体形象策划后，我们再以它为根据进行城市的具体规划。

Q：在明确大的城市规划方案后，具体的单体建筑是怎么把控的？

A：对于具体建设项目来说，城市的总体规划就是指导纲领。特别是控制性详细规划及一些具有针对性的专业、专项规划，对项目用地面积、性质功能，开发强度，建筑风貌及限高，绿地空地比例、公共服务设施配套类别及规模等，都做了明确规定。如果严格按照这些规划进行规划管理和项目建设，一般来讲，单个的建筑应该是有序排列在城市建筑"乐章"中的。然而，现实并没有这么理想化。我们的城市建设也出现过"不和谐音符"。我们刚才谈到，重庆的天际线三段结构以及渝中半岛形象规划。那么新的超高层建筑群就不应该出现在"城市之冠"以外的地方。但现实中除了解放碑民生路地段和两路口中山路地段之外，我们也能看到一些高度超高、体量超大的建筑或建筑群。就个人而言，我

渝州泛流辉 重庆城市的未来

129

觉得这其中有的是对城市规划的补充和完善；有的则构成了破坏，同时也是对城市天际线的破坏，非常遗憾。

不过，现在随着重庆市住房和城乡建设委员会、市交通委员会、市规划和自然资源局等四部门联合出台了的《关于暂缓主城区"两江四岸"地区开发建设活动的通知》，指出重庆市正在对主城区"两江四岸"的开发做规划统筹。虽然具体规划还不知道，但相信未来城市的建设、两江四岸的开发一定具有更高水平、更高质量。这也是我的强烈期望。

晨光中的曼哈顿，与夜色中的重庆城，天际线是如此相似。 图虫创意 供图

Q：拥有超高层建筑的城市很多，像纽约、曼哈顿、香港、旧金山等，您觉得重庆作为山城，它的超高层建筑又有何不同意义呢？

A：重庆是公认的世界上最大的山城，同时它也是中国拥有超高层建筑最多的城市之一。但事实上体量越大的建筑，对它的出现就越需要有审慎的态度。过去很多人都会认为摩天大楼是经济繁荣的象征，所以不少国内城市发展扩张的同时，人们也竞相追求天际线的突破。

但我们去观察发达国家的高层建筑，比如芝加哥、纽约、伦敦、东京、巴黎，高层建筑大多是集中在市中心构成人们称为"Down Town"地段。城市天际线由周边的低矮平缓，逐渐过渡到中心区域的高耸突起。整个天际线既与城市相邻的自然环境友好衔接，又具有城市自身的空间节奏和韵律，连贯流畅，生动而富于变化。我们非常熟悉的天使之城洛杉矶，除了市中心的几栋高楼外，大面积是低矮的住宅区。当然这也与用地条件和人口规模有很大关系，但不可否认的是，超高层建筑和城市其他建筑的关系，其实是城市居住者和管理者的综合素质与城市规划的关系，更是人为天际线和自然天际线的关系。

重庆和它们不一样的地方在于它是山城，土地可利用面积不多，因此在规划时既要节约用地，也要集约用地，而高层、超高层建筑可以看作重庆解决住宅、办公等问题的有效路径。但这并不代表重庆的超高层建筑发展就可以杂乱无章、各自为政。事实上除了盖楼，我们也一直在努力保护重庆市民的公共开敞空间，保护和控制珍贵的城市绿冠，如枇杷山、鹅岭、佛图关、虎头岩及沙坪坝区的平顶山，大渡口的双山等。这是我们母城的背脊和龙脉。

Q：重庆成为网红城市后，很多外地游客，包括重庆人自己，都会觉得它是一个"向上而为"的城市。那在重庆高层建筑的不断建设中，有没有自己的一个发展时间线？

A：我认为它有三个时间节点是和我国经济发展相契合的。

第一阶段就是改革开放初期，出现了会仙楼和渝都大酒店这样的地方。那时大家都很兴奋，认为这样的高层才像一个大城市应有的面貌。

第二个阶段是直辖后，高层建筑已经有些遍地开花，重庆世贸中心、工商银行大厦，

还有伊人巷地块的变化等，我们自己都觉得重庆变得很洋气、很现代了。

第三阶段就是真正的超高层地标开始一个接一个地出现后，WFC、IFS、来福士广场、嘉陵帆影等。不过，未来我认为重庆建筑不会再长高了，一个是它的环境容量已经突破了城市所需要的规模了，二是刚才提到的政府决定暂缓主城区"两江四岸"地区开发建设活动，三是现有的土地也无法承受超高层建筑所需的消防、交通、停车等配套设施的需求了。而且比起让重庆的天际线继续向上生长，我认为我们更应该停下来，看一看，去思考未来究竟应该如何更好地建设我们的城市。我们一定要清醒地认识到由于主观和客观的原因，必须为我们的后代留下更多的发挥空间。不能再做一些对不起祖辈，对不起后代，更对不起故乡山城的事情了！

Q：在主城四十多年的发展中，难免会有一些遗憾。但是就最近几年来说，大家对重庆的评价，反而更多落脚在它的建筑上。赛博朋克之城、魔幻之都，您怎么看待这种现象？

A：中国的经济发展是非常快的。发达国家的城市建设都历经数百年，而我们改革开放到现在，短短四十多年的时间就实现了无数城市的巨变。重庆作为国家历史文化名城，既是巴渝文化发祥地，又是网红打卡热点。从它时尚火热的一面来说，建筑当然功不可没。

事实上在城市规划及建筑界，也一直都有一种说法，就是重庆是一个非常适合用高层建筑来解决土地不足问题的地方，是规划师和建筑师的乐园。超高层建筑修建后，人们很乐于看到一个崭新的城市，这是时代发展的必然；但同时重庆又有一些独有的记忆面貌，湖广会馆、磁器口、中山四路，及现在的十八梯、山城巷、龙门浩等，这让作为超大

山水城市的重庆有古有今、存旧呈新，高低错落、千回百转，形成了世界上最具人性化和人情味的独特魅力及迷人景致。

以前有建筑师说重庆老街是世界上最富人情味儿，最有香火气息的城市居住区，我觉得这和人们现在看重庆新的一面是一样的。因为它不只有新，还有旧，更有自然景观相互交织，才构成了今天的重庆风貌。

Q：除了用超高层来解决城市用地的问题，城市发展还可以有其他规划路径吗？

A：最初的渝中半岛只有七点几平方公里，后来逐渐扩大至肖家湾、大坪相接地段变成九点几平方公里。然后发展到现在的二十多平方公里，直抵石桥铺、袁家岗，但是城市空间容量差不多已经见顶，城市环境质量状况堪忧，不再适合进行扩建。可以通过一定的方法来弥补服务设施的不足，但真的不再适合增加居住建筑和常住人口了。

重庆地基很结实，石头山，以前修过很多防空洞。未来可以更多地利用这些地下空间和灰空间，通过改造的方式，扩展交通和公共空间。但是对于居住建筑，应该按照城市规划和国土空间规划引导它们向周边组团发展，构成若干新的城市副中心、区域性中心城市和城镇群。由于城市规划越来越注重公平性和公正性，城市结构和国土空间资源配置也一定会更合理、更科学。明白这些，才能减少减轻无序扩张又肆意膨胀的城市病。

天际线在不同光影之下呈现出别样的气氛。张坤琨 摄

Q：现在很多城市新区已经在蓬勃发展，出现了新的天际线，您个人如何看待天际线对城市的影响？以及您个人理想中的天际线是什么样的？

A：天际线就是一个城市的轮廓线，轮廓线既是城市的识别线，也是城市的颜值线，所以是很重要的。尤其是在拍鸟瞰照片或视频的时候。很多时候一个城市的现代化程度、经济实力和环境生态都藏在城市鸟瞰图里，当然也藏在天际线里。因为它能让人直观地感受和认识到这个城市，以及城市行政管理者和公民的审美情趣、文化内涵和艺术水准。

我理想中的天际线是自然天际线和建筑天际线相互交织，建筑整体风貌统一，同时又个性突出，能够体现城市在发展过程中的历史更新。比如枇杷山公园、湖广会馆、鹅岭

公园，我觉得都非常优雅、俊美。但是如果被不合宜的建筑遮挡住，就会非常遗憾。比起人为的天际线，我更看重自然的天际线。因为当建筑掩映其中，高层有序合理地布置，才能构成一曲生态、欢快而又非常具有现代感的城市乐章。所以我还是希望我们的山脊绿地，我们的公园都能在鸟瞰图片中得到充分显现。

从这个角度讲，我希望我们的决策者、规划师、建筑师和广大的城市公民也都能更加尊重城乡规划和国土空间规划，在旧城更新的同时，努力提升城市品质。用新的名片，去吸引更多的人到这里发展。使我们的重庆建成一个既展现超大现代城市形象，又处处显现深厚历史文化底蕴的文明、优雅之城。用它极具个性的城市天际线，吸引来自天南海北的友人和游客。

会仙楼

会仙楼施工图纸。重庆市城市建设档案馆 供图

　　1982 年，受改革开放经济发展影响，为了增加重庆市宾馆接待量同时展示城市形象，当时的重庆市第一高楼会仙楼建成，成为重庆市标志性建筑之一。

　　会仙楼选址于会仙桥，在 20 世纪三四十年代，会仙桥就曾盛极一时。有一批因避乱而来的商人在这里专营高档化妆品，受到很多达官显贵的追捧。再后来，重庆城中心由下半城转移至上半城，会仙桥一带就变得更加热闹，"皇后音乐厅"与"心心咖啡厅"更是让它一时风光无两。但随着这两座上流社会钟爱的场所的拆除，会仙楼在此拔地而起，渐渐地人们只记得会仙楼，而忘了会仙桥。

　　会仙楼作为重庆市政府特批的项目，高 54 米，共 15 层（包括负一层和屋顶花园），是当时重庆人民的骄傲，更是宴请的高级场所。很多人会选择花 9 角钱，买门票乘电梯直达屋顶花园在那里俯视解放碑，并免费品尝一杯饮料和两块小点心。

　　进入 20 世纪后，会仙楼业主方重庆市饮食服务公司面临改制，重庆华迅实业集团决定与力帆合资成立地产公司联手进军"会仙楼项目"。因为会仙楼位于解放碑核心商业区，需要拆迁的单位与个人众多，导致拆迁谈判前后耗费了华迅 5 年时间。

会仙楼曾经是重庆最高的建筑。重庆华迅实业集团公司 供图

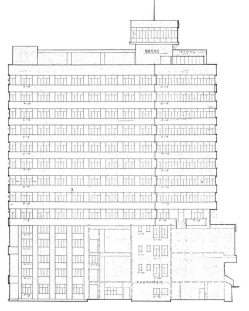

会仙楼施工图纸。
重庆市城市建设档案馆 供图

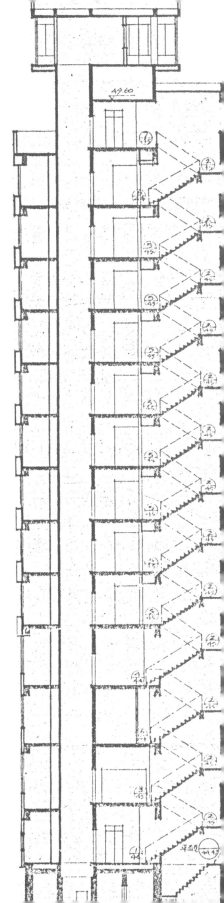

会仙楼顶楼观景餐厅是重庆80年代的
"打卡点"。王定浩 摄

会仙楼上看到的风景可以说是一览无余。
王定浩 摄

80年代的会仙楼在周围的平房映衬下
显得非常醒目。程良建 摄

重庆 WFC 环球金融中心

　　2010 年，重庆环球金融中心（WFC）在原解放碑第一高楼会仙楼原址上动工，项目总投资 30 多亿元，建筑高度 339 米，层高 78 层，成为当时重庆及西部第一高楼。

　　重庆环球金融中心（WFC）作为重庆超高层地标建筑之一，大楼的设计和建造汇聚了台湾著名建筑大师李祖原、英国奥雅纳、德国华纳、德国西门子等世界级精英团队，是真正的"国家地标的重庆蓝本"。

　　在狭小的解放碑核心区，重庆环球金融中心（WFC）横向发展的空间并不足，因此，大楼大面积地采用了突出竖向的线条修饰，楼体四角的折线处理与顶冠八角形的几何设计相呼应，淡化了大建筑体量的压抑感。多折面和高反光玻璃材质的应用，让大楼在日光照射下，显现出重庆之冠的璀璨。而其会仙楼观景台傲立渝中，视野开阔，更有"西部之巅，云端观景"的美誉。

重庆华迅实业
集团有限公司总裁

李鹏

PENG LI

President of Chongqing Worthy Land Co.

会仙楼曾是重庆的骄傲，又承载着一代人的记忆，我们希望 WFC 接棒会仙楼成为重庆新地标，从新起点出发展现新作为。

1974 年出生，祖籍四川宣汉，1993 年，在外运储运有限公司任职；1995 年，任重庆永鹏实业有限公司总经理；1996 年，任重庆天福机械厂总经理；1998 年，任重庆远鹏物业发展有限公司总经理；2005 年至今，任重庆华迅实业集团有限公司总裁。

40 年代，重庆著名的心心咖啡店。哈里森·福尔曼（美）摄

2009 年，曾经的重庆地标性建筑会仙楼爆破拆除。
钟志兵 摄

Q：2009 年，解放碑当时的第一高楼会仙楼拆除，原地盖起了重庆环球金融中心（WFC）。新旧地标换帅的过程中，一定经历了很多波折。当时集团是如何拿下这块地的？又是如何构思 WFC 这一商业项目的？

A：会仙楼是 1982 年修建起来的，是当时重庆的第一高楼，也是第一个高度超过解放碑的建筑。当然，会仙楼也是重庆改革开放初期的地标建筑。更早之前，这里是著名的皇后舞厅、心心咖啡厅，是陪都时代上流社会、达官贵人聚会宴请的高档场所。所以这里历来就是商业、时尚的地标。

到 20 世纪后期，会仙楼业主方重庆市饮食服务公司面临改制。知道这个消息后，我们华迅就与力帆合资成立了地产公司，准备联手进军"会仙楼项目"。当时对于会仙楼的原址规划，力帆曾计划推倒后建立力帆大厦，后面又规划了一个四星级酒店项目。但随着 2005 年力帆轿车项目的上马，他们就退出了该项目。当时算上前期的拆迁安置，华迅已经花了 8000 多万元，经过反复测算，最终决定独自承建。

因为会仙楼曾是重庆的骄傲，又承载着一代人的记忆，所以我们当时反复思考的就是：如何打造一个新的项目，才能不被重庆人民所唾弃？在秉承"新的辉煌屹立于传奇之上"的信念，我们决定把这一拥有深厚文化底蕴的风水宝地打造成一个集商业、写字楼、酒店、观景平台于一体的大型综合性项目。它不但会是接棒会仙楼的重庆新地标，更会是西部第一高楼。

WFC 修建之前，还没有搬迁的老房子。何智亚 摄

Q：会仙楼拆迁谈判前后耗费了您 5 年时间，当时面临的主要困难是什么？

A：会仙楼拆迁的主要困难在于它是一块毛地。毛地是指没有经过拆迁安置开发，甚至不具备基本建设条件的土地。整个片区老旧建筑林立，对于开发商来说，投资风险是很大的。就连政府都不清楚开发建设这块地难度到底有多大，要花多少资金。在我们接手之前，这块地也已经几易其主，却一直没有实质性的开发建设，就是因为难以撬动土地的拆迁。

2002 年，我们还没拿到土地所有权时，就对地块进行了摸底排查。这个片区情况非常复杂，有四五十年代的无产权居民房，也有国有企业、集体企业，有生产用房，也有居住用房。拆迁会涉及企业利益，也会涉及个人利益。

我记得有个烟摊老板，自己依着烟摊搭建了棚户房当成固定居所。他跟我们谈条件说，他虽然没有产权，但已在那里卖了几十年烟，也住了几十年，这就像是事实婚姻，他就有了永久居住权。可见当时我们面临的情况有多难，所以仅拆迁谈判就耗费了整整 5 年的时间。不过，这从来没有动摇过华迅开发 WFC 项目的决心，哪怕是在 2008 年金融危机的时候，我们也没有动摇过。

Q：WFC 在设计之初，就是以成为"国家地标的重庆蓝本"为己任的，在这过程中华迅做出了哪些尝试与努力，项目定位又是如何迭代与更新的？

A："国家地标的重庆蓝本"这个概念其实是在项目推进中逐步完善的。最初，我们对 WFC 的设想高度只有 150 米，但随着拆迁费用的不断增加，150 米高的大楼，楼面价格就超过了每平方米 1 万元，而当时解放碑地区的房价是 8000 元。这点对于我们来说是个非常大的风险与考验。

但当时解放碑商业转型的东风已起来，我坚信未来这里将会有更多国际化的中高端商业进驻，解放碑最终会形成重庆对外展示的一个窗口。所以我们华迅在经过深思熟虑后，决定重新定高度、升级档次，把 WFC 修到 339 米高，形成最现代化的摩天大厦。

而想要打造国家地标的重庆蓝本，光有高度是不够的，还需要从大楼影响力、区位地段、建造标准、智能科技、物业管理和用户层次等多方面定义大楼标准。因此我们在聘用负责建筑设计的李祖原设计师事务所以外，其他设计也均由国际一流的设计与顾问团队完成。比如负责结构和机电设计的是曾执掌北京鸟巢与水立方的英国奥雅纳公司 AURP；负责弱电系统的是德国西门子公司 Siemens；玻璃幕墙由德国华纳公司 SuP 设计；灯光由曾设计过马来西亚双塔、香港 IFC 的美国碧谱公司 BPI 操刀；内部交通更是专门聘请了英国弘达交通顾问公司 MVA……

这样"豪华"的国际设计咨询团队，不仅当时是在重庆绝无仅有，在全国都可以说是少有。但也正是这样全方位一流的设计团队，让 WFC 从总体方案到每个细节，都达到了国际一流水准，更保证了它的硬件在未来领先二十年甚至更长的时间。

WFC 效果图
重庆华迅实业集团公司 供图

意境效果

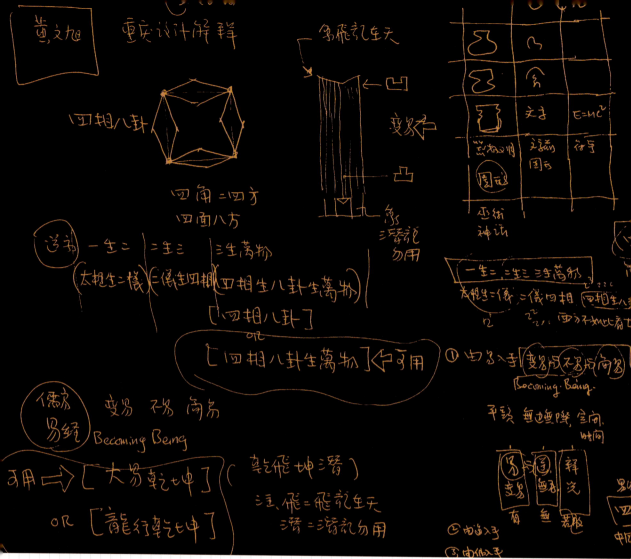

建筑大师李祖原设计 WFC 时留存的手稿。重庆华迅实业集团公司 供图

Q:WFC 项目最终是由设计了台北 101 建筑的设计大师李祖原担纲设计,但除此之外,华迅当时也收到了超过 50 份的设计草案,能谈谈这一版在其中脱颖而出的经过吗?

A:WFC 项目太特殊了,它不但面对解放碑十字金街核心区位,更是一块拥有深厚文化底蕴的风水宝地。因此在方案确定上,我们很谨慎。当时方案确定主要经历了三个阶段:

第一阶段,我们邀请了包括欧美、日本、中国港台在内的众多国际著名设计师事务所参与。经过方案比较后发现由于我们场地非常狭窄,做的又是地标性超高层项目,所以要求设计师事务所必须擅长在小地方做大文章。

第二阶段,我们主要考虑了对文化的把握。会仙楼作为一块有文化积淀的招牌,不能将其等同于城市新区项目,我们更希望在大厦的方案中能体现中国传统文化与地方特色。这一点,正是我们最终选定李祖原先生最重要的原因。李先生个人非常推崇中国传统文化,而且将文化贯穿于设计中,奉行"东魂西技"的思想,这也在他的代表作——

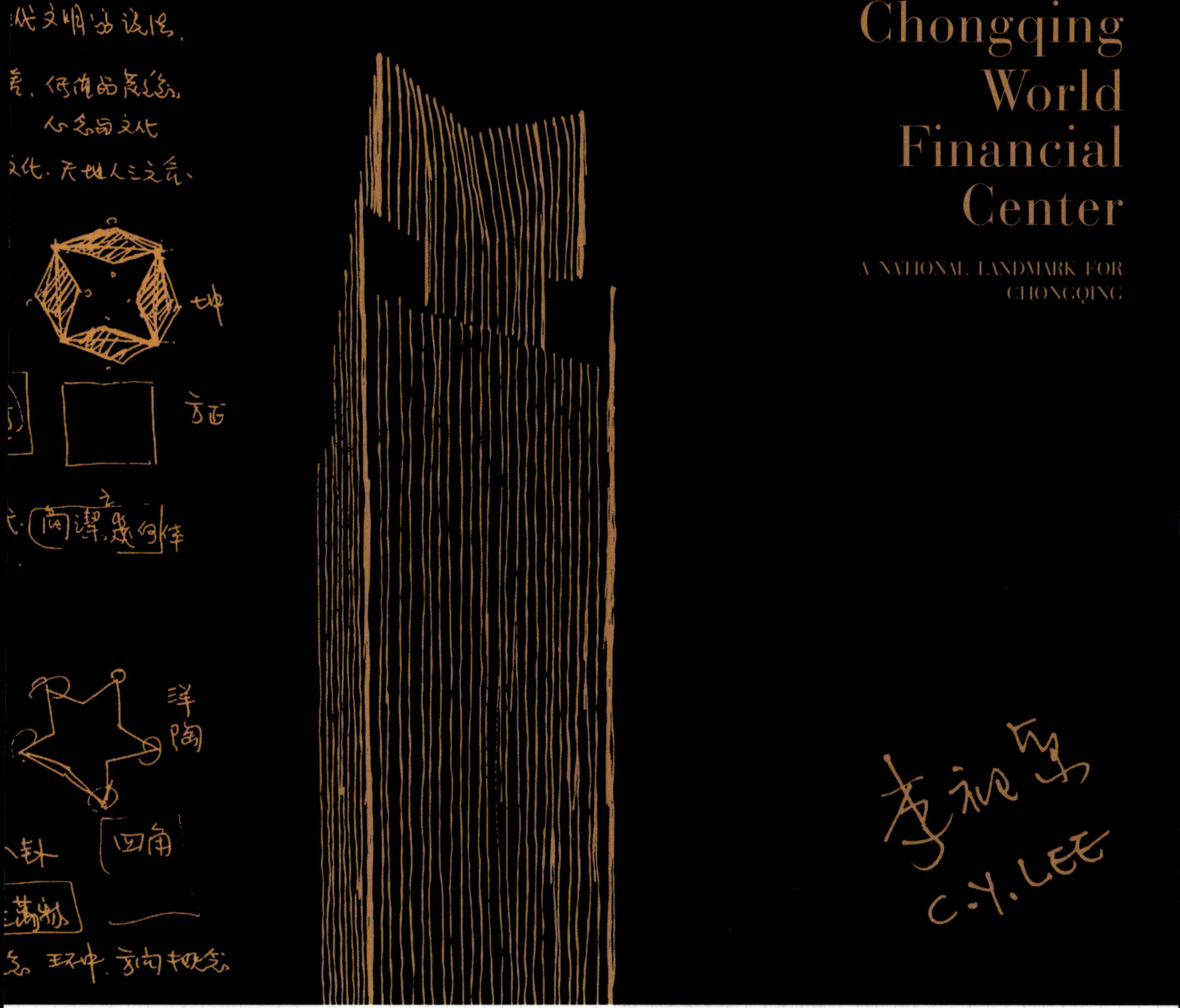

Chongqing
World
Financial
Center

A NATIONAL LANDMARK FOR
CHONGQING

C.Y. LEE

348 米的高雄 85 大楼与 508 米的台北 101 大厦上得到充分的体现。

　　第三阶段，选定设计单位后，李先生先后拿出了好几个设计方案，其中以"竹文化"为核心，创意为"天竹山水"的方案很不错，让整个大厦极富冲击力。当时李先生用了三句话来阐述他的思想：打造重庆新天空，赋予重庆新造型，创造渝中新枢纽。但由于建筑结构复杂，带来了内部局部空间使用不便的问题，让使用率有所降低。所以我们最终放弃了这一方案，这也是我们对用户负责以及对宝贵土地资源倍加珍惜的一种应有的态度。在和李祖原先生反复讨论后，我们最终确定了现在的设计方案——"重庆之冠"。

　　"重庆之冠"的创意来自《易经》理念，"一生二、二生三、三生万物，万物生生不息"，建筑顶端的"四角八方"就象征着东方文化中的四象八卦。而星形顶部的折面效果，更象征 WFC 将四面八方辐射大西部。

环顾·空中摄影展

CHONGQING PHOTOS IN THE AIR

2015.12.24—2016.01.17

在 WFC 的顶楼曾经做过一场特别的展览，其内容将解放碑、十八梯等重庆的历史放到重庆当时最高的地方进行展出。人们在空中俯瞰城市发展的时候，也能回望到城市发展的历史。

十八梯改造指挥部 供图

Q:WFC 建成后就成为了重庆第一高楼，建筑高度 339 米，共 80 层。在重庆山城最核心的商圈区域建设这样的超高层建筑，它的难点是什么？

A:施工场地狭小是我们面临的第一大难点。会仙楼片区完全没有足够施工的场地，不要说临时办公点，就连施工材料、建筑构件都没地方堆放，而且进出的交通也特别不便。当时是政府部门给予的支持，将江家巷整段限期封闭才给我们施工提供了一些空间。

其次是建筑本身的施工难度大。因为我们规划的是一栋超过 300 米的超高层，塔楼的结构形式复杂多变、钢结构节点区焊接要求非常高、建筑所用混凝土的强度要求也非常高、避难层桁架拼接的技术要求高。还有建设过程中，垂直运输的规划管理、高空作业的安全保障等，都是一个个需要克服的难关。

另外，作为建筑外在形象的玻璃幕墙也是我们建设中的一个重点和难点。WFC 的玻璃幕墙采用单元式幕墙系统。说是系统，因为其中包含了避难层防风雨、顶部框架式幕墙、锥形玻璃造型等。在系统设计和材料加工上，我们不仅达到国家现行规范中的最高标准，还参考了德国标准，以确保幕墙系统的质量与品质达到国际一流、国内领先的水平。

Q：当时是如何想到去做这样一个幕墙的？日常又如何运营使用？

A：我们对幕墙的定位是灯塔形象和地标展示。通过灯光设计、巨幅 LED 幕墙配合，在 300 多米、总面积超过 23000 平方米的墙面上显示"灯塔，重庆的领航者"的主题，这是非常震撼的，四只 1000W 泛光灯映射出大楼的挺拔外形，在整个西部都首屈一指。

现在幕墙也承担了部分商业投放的功能，但更多的还是投放展示城市形象、公益宣传的内容，比如"重庆你好、世界你好"。这是重庆对外的一个窗口、一个对话框，我们希望传达给大众正面、积极、阳光的信息。

Q：如今 WFC 最顶端的观景平台依然沿用了会仙楼这一名字，您是如何思考的呢？

A：会仙楼地块从陪都时代开始，就一直是汇聚名流与财富的风水宝地。在 80 年代，会仙楼是唯一一栋高度超过解放碑的"巴渝第一楼"，在那个时代，人们花 9 角钱就可以买门票乘电梯直达 14 楼屋顶花园，俯视解放碑。用重庆话说就是——会仙楼楼顶是重庆人打望的地方。说实话，在 WFC 项目刚开始酝酿时，也就是 2005 年左右，我们也曾设想把 WFC 顶层打造成西部最顶级的会所，作为城市精英圈层的活动场所。然后通过一些实物、图片、影像，来再现会仙楼地块和解放碑的珍贵历史片段。但最后我们还是将会所设想改为了观景平台，把这一处绝佳的顶上风景分享给更多的人。

因此建立观景台后，为了传承重庆母城文化，我们仍然沿用了这一名字。在 WFC 会仙楼观景台，海拔 590 米的高度可以 360 度环视立体魔幻的重庆风光、俯瞰两江交汇。如今这里已经成为重庆旅游必到打卡地，也是重庆十大网红景点、重庆母城中心景点，以及网评的 2020 重庆必玩景点。我很欣慰当时能做出这样的决定。

Q：您认为要运营好 WFC 这样一个"西部之巅"的商业综合体，它的挑战在哪里？又需要哪些巧思？如果把这栋超高层建筑摊平，是否可以类比作一个产业园？

A：超高层建筑的物业管理工作往往需要消耗大量的人力、物力、财力，大多数超高层建筑都是集办公、零售、酒店、高端住宅等多元业态于一体的综合体，WFC 也不例外。通过场所营造来增进社区氛围，让其成为人们愿意生活、工作和娱乐的目的地是物业管理工作的首要课题。你可以把它比作产业园，但更形象的还是可以比作垂直社区。

WFC 目前入驻领事机构 6 家、世界 500 强 7 家、上市公司 20 家、外资企业 16 家、总部型企业 1 家，所面对的都是高品质客户，因此运营管理费用压力也很大，我们每年都要投入各项保养和维护费用多达 2600 万元。除了提供专业化、人性化的尊崇服务，集团更需要建立一个持续收入模式，来保证资金来源的多元化与企业的良性增长。

2020 年春节的疫情让整个重庆按下了暂停键，也给商业地产行业带来了危机。在我看来危机，也是契机。在这个过程中，对业主的管理水平和运营能力更是提出了更精细化要求。而疫情过后，绿色、健康、安全的场所也更被大家所看重，相信未来智能楼宇管理、健康安全管理将是提升商业综合体市场竞争力的主要因素。

Q:如今解放碑不仅有 WFC,还有后起之秀来福士,您认为两者之间的差异性在哪里?以及在您看来,这些年重庆对超高层商业综合体的态度有所改变吗?这会影响到 WFC 未来的运营策略吗?

A:首先我们的体量和面对群体不一样,来福士有 5 栋住宅楼,并且由新加坡凯德集团投资开发,WFC 则由华迅本地民营企业投资建设,两者之间的集团资源、运作能力和财力都是有差距的。但总的说来,WFC 的商业模式和客户群体都更为纯粹。

近年来随着全国各地都争相进行摩天大楼开发,重庆与其他西部城市相比在高度上已经不占优势。而且随着国家发展和改革委下发的《关于进一步加强城市与建筑风貌管理的通知》,后续也很难有 500 米级、600 米级甚至更高的高楼规划。

关于超高层建筑也出现了很多理性看待的声音,比如重庆的高楼建设目前要做的应该就是如何消化和盘活存量。在此基础上,再去修建更多高品质的精品建筑,来提升城市的品质。"绝对高度"已经不再是业主追求的重点和项目入市的最大卖点。反而是高品质物业管理的重要性越发凸显,而如何以精细化运营的服务品质来助力提升超高层服务水平,深耕物业管理质量也是华迅一直在积极探索的。

简单地说,就是我们要专注于开发高品质产品,构建高品质生活,并通过高品质的产品与服务形成客户认同的品牌。WFC 作为地标,既是荣耀也是鞭策,希望我们能结合新时代,从新起点出发,展现新作为。

位于解放碑十字金街的 WFC 自带魔幻气质。 张一白 摄

建筑师

Architect
WENXU HUANG

黄文旭

超高层建筑向上争取空间，追求高度也就是追求卓越，追求巅峰的理想展现，这与重庆的城市性格相符。

国立成功大学建筑研究所建筑硕士，李祖原联合建筑师事务所主持建筑师。曾参与台北国际金融中心（台北101）、西门子中国总部（北京）、重庆环球金融中心（WFC）、武汉长江之门未来之窗等多个超高层项目的设计和建设。

149

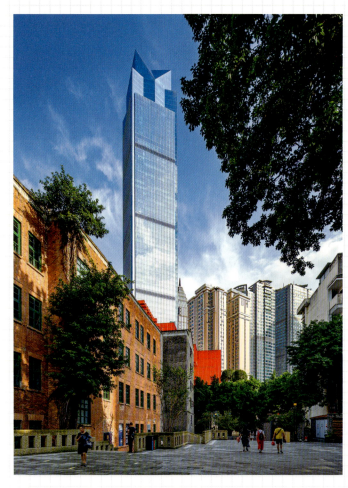

WFC 的玻璃幕墙
如同一面天空之镜。
黄祖伟 摄

Q：您是如何介入到 WFC 设计工程中来的？当时为何会把 WFC 定位为"重庆之冠"？

A：重庆环球金融中心项目伊始采用竞图方式，共有 6 家国际知名超高层建筑设计公司参与。当时正值我公司设计的超高层项目"台北 101"获得成功，在业界取得了很好的反响，所以我们有幸参与了该项目的竞图工作。最终因为我们提出"东魂西技"的东方文化设计理念与业主对项目期许度高度契合从而获得该项目设计机会。

项目毗邻解放碑，而解放碑是重庆市的地标性建筑，是重庆的城市象征。它曾是民众的"精神堡垒"，新中国成立后，一直都是重庆建设与发展的中心。特别是直辖之后，已逐步发展为重庆乃至西部的金融中心。

因此，为呼应解放碑地标性意义，我们设想项目打造成为"重庆之冠"造型的超高层建筑，作为渝中区乃至重庆市营销城市形象的名片。整体造型以简洁、现代的设计手法强调新的美学体验，并且融入东方文化元素，追求精神理念的崇高与丰富。单纯突出的竖向线条修饰整体比例，使城市焦点集中于顶部造型，淡化庞大建筑体量产生的压抑感。塔楼顶部的多折面设计，折面玻璃采用高反射率材质，在重庆多雾的气候环境中，反射来自不同方向的日光，犹如重庆之冠，在云雾间始终给人指明前进的方向，成为目光的焦点。

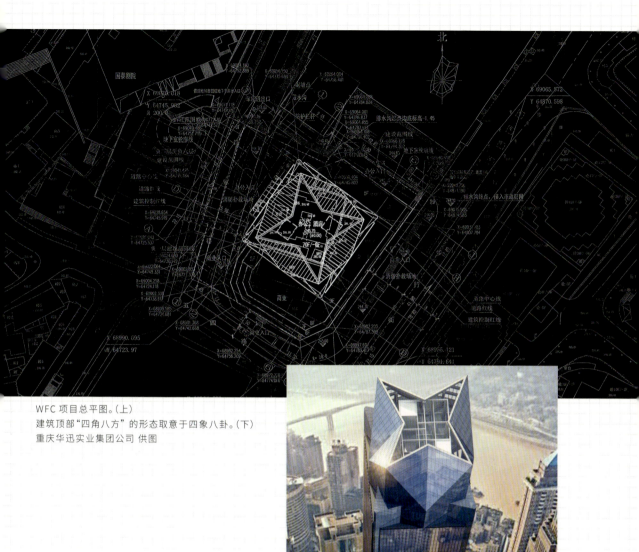

WFC 项目总平图。（上）
建筑顶部"四角八方"的形态取意于四象八卦。（下）
重庆华迅实业集团公司 供图

Q：请您详细阐述一下 WFC 的设计思路，特别是"四角八方"的造型象征东方文化的四象八卦？又是如何体现它与重庆文化的融合？

A：城市的天空线定义了城市的风貌，而超高层建筑则定义了城市的天空线，因此，一座好的超高层建筑，可以改变一座城市。重庆是中国著名的历史文化名城，具有 3000 多年的悠久历史，重庆作为一座山城，山水相依的地形特征造就了建筑的与众不同。我们设计的指导思维是"新东方文化"，追求的东方建筑是"生命建筑"。李祖原先生认为：生命建筑即安住生命的信息空间，而《易经》是中国人智慧的结晶，传达了宇宙自然和人类生命的关系，是中国人的宇宙信息观及生命信息观，我们用四角八方的建筑造型来象征《易经》四象八卦的宇宙信息及生命信息，尝试以建筑的信息来传达生命的信息，希望创造能安住生命的信息空间，亦即生命建筑。

WFC立面图。重庆市城市建设档案馆 供图。

Q：作为当时重庆的第一高楼，WFC最大的设计难点是什么？如何解决它的安全性问题？

A：整个项目总用地面积只有5800平方米，非常紧张、受限，而建筑面积达到20平方米，地上地下共计80层，涵盖商业、办公、酒店等多种业态功能，就像一个"高整合的微型复合城市"。

我们首先思考的是，环境金融中心作为重庆的制高点地标，在这个城市中该如何被看见？抑或是该呈现怎样的面貌？考虑到与周边众多高层塔楼的空间相对均衡，我们将超高层塔楼配置于基地西侧，保证了环球金融中心与周边的空间关系、视线通廊以及整体的城市天际线形象。

塔楼外立面设计，考量到周边高密度的高层建筑林立，因此塔身采用简约、大气的垂直线条来化解建筑群的压迫感，最后在顶部举起具有东方意念的"重庆之冠"配合多折面反射玻璃，形成雾都重庆的地标。

其次，项目业态功能越复杂，对于建筑结构的要求就越高。从空间布局、结构选型，再到机电管线装配都要最大限度满足使用要求。因此，我们在办公区塔楼采用中央核心筒布局，提高空间利用率。作为商业设施的裙楼则设置中庭共享空间，负一层通过下沉广场增加商业界面，形成良好商业氛围。酒店设置在拥有绝佳视野的高区，在一层有独立门厅及直达电梯，为入住者提供便捷住房体验，同时结合顶层的观景台，可举办许多专属的特色活动。

当然，超高层建筑的抗震性能是最基础、最重要的，这是结构设计中的难点。我们选用抗震性能好的钢管混凝土叠合柱框架—核心筒结构体系。根据上部荷载和建筑使用功能的情况，抗侧力结构的柱、墙沿竖向划分为三段。各楼层均采用钢筋混凝土现浇梁板式结构体系。在结构平面规则、对称布置抗侧力构件（柱、墙），避免结构在水平荷载作用下发生扭转振动。这个结构体系经过了动力弹塑性时程分析，对结构的薄弱部分又进行了加强，以确保整体建筑的安全性。

Q：一栋超高层建筑要运行起来内部构造是非常精细复杂的，比如转换层、电梯系统，能为我们详解一下 WFC 的内部构架吗？

A：人流组织和垂直交通是保证超高层建筑正常运行的关键。方便人们的使用，是我们最大的考虑。如何在兼顾建筑结构设计的经济性、合理性、安全性之下，以人为本，缜密规划竖向交通，最大限度减少等待电梯时间，提供快捷、高效、安全的服务是设计的重点。

地面 LG 层至 9 层的国际名品购物中心（共计 3.7 万平方米）以建筑南侧、东侧临民族路步行街侧设置的主要出入口为进出口。办公大堂、酒店由用地西侧江家巷引入。而顶层观景台由地面 LG 层进入搭乘专设的 2 部直达梯到达。

整栋建筑依据不同功能，共设有 47 部原装进口电梯。商业裙楼部分独立设置 7 部垂直电梯及多部自动扶梯，塔楼核心区有 36 部垂直电梯，观景台和酒店独立设置 3 部垂直电梯，用以满足各功能互不干扰的竖向交通需求。

塔楼的 36 部垂直电梯分为中、高区穿梭梯和低区电梯，高速穿梭梯将人流迅速带往中区（35 层）和高区（49 层）换乘枢纽，并通过设置在转换层的中区和高区电梯向上快速抵达相应楼层，使得高峰时期等候时间亦能控制在 30 秒内。

为有效提高建筑空间的利用价值，提供更多的使用空间，核心筒内电梯井道采用分段利用方式，即低区电梯和中、高区电梯共用一个电梯井道，通过合理安排电梯分区，使共享井道的低区和高区电梯之间若干层不设电梯停靠站，仅作为低区电梯机房和高区电梯底坑使用。同时，我们在 10 层、26 层、41 层、55 层设置了 4 个空中避难层。除了消防安全功能外，这 4 个空间也实现了建筑内不同业态所需的设备布置及垂直电梯、管井的转换，从而确保整栋建筑维持高效、有序的运作。

Q：WFC 与解放碑以及周边商业关系是如何设计规划的呢？

A：环球金融中心用地与解放碑地王广场相连，故在设计上，我们将环球金融中心的商业及酒店配套裙楼与地王广场裙楼王府井百货的建筑高度相一致，使环球金融中心的商业裙房与地王广场成为一个整体。同时，我们在建设地下停车系统时，因地理位置受限，借用地王广场车库出入口进行加宽改造，形成共用出入口。但实际效果是在物理属性上进一步加强了两个项目的黏性。这样就形成了一个半围合的商业广场。

通过打造环球金融中心的商业，与王府井共同提升解放碑步行街商业的活力，营建高档商业消费的新体验。解放碑商圈是最能代表重庆市的区域，地形高低错落且商业业态丰富多元，既有高端的国际精品旗舰店也有临街餐饮，充满着城市的烟火气息。

对于环球金融中心的业态规划，我们回归到了这个项目本身。环球金融中心虽然商业面积不大，但其优越的区域和建筑的独特性是有目共睹的。同时，它自身就具备高端酒店和 5A 级写字楼。我们从生活在这栋大楼中的人的需求出发，围绕他一整天的"日常食衣住行育乐"，打造能满足这些需求的服务业态。这样的商业布局就形成了符合环球金融中心气质的市场定位，也成为了引领市场的前驱者。

重庆你好,世界你好。崔力 摄

Q:对您而言,WFC 与您设计过的其他超高层建筑有何不同?在独特性上它有哪些不可复制之处?

A:有别于其他高层建筑的是我们考虑了 WFC 地块拥有的独特内在底蕴。当时站在基地上抬头看周围林立的高楼,再回想重庆的发展历史从江边渡口向上不断与山争地,整座城市不断向上发展就是一个追求理想的过程,这与人类建造超高层的意志是相同的,超高层建筑向上争取空间,追求高度也就是追求卓越,追求巅峰的理想展现,这与重庆的城市性格相符。

我们提出了中华文化中"天、地、人"的概念,也就是:承天、接地与安人,以环球金融中心为中介,将 WFC 作为居中的"人",与"天"——重庆渝中半岛蕴含千年山水城市的内在气韵,与"地"——解放碑商圈的环境肌理整合了进来,它的形象典雅内敛,将西方的形式美学与东方的文化内涵融为一体、现在 WFC 虽居于城市天际线的制高点但却不显得突兀,是体现天、地、人融合的境界也是 WFC 独特的地方。

Q:对设计师而言,您认为今天人们对超高层商业综合体的偏好有所改变吗?未来商业综合体的设计又将更加注重哪些层面?

A:超高层商业综合体在城市中是个稀缺产品,它一般都位于热闹的区位加上超高层的建筑形象,只要空间组成及商业定位得宜,相较于传统商场,它很容易就会成为一个热门的商业地标。传统的高层商业综合体会将裙楼的公共领域及商业与上方塔楼的办公或酒店孤立起来,形成两个独立的存在关系,我认为未来的高层商业综合体会更加注重精神层面,注意城市地点的文化意向,并将这两种生活场景紧密地结合在一起。商业空间变成一个立体的开放空间,变得更像城市公共空间的延续,弱化传统商业零售的角色,更注重体验性的生活场景。通过更加丰富的互动体验,引导塔楼内的人走出来,外面的人走进去。弱化不同业态的边界,公共的活动场地甚至可以穿插在不同高度之上,为用户带来了更多元的休闲娱乐、社会交往的可能性。同时,聚合周围的城市场所及行为,形成一个立体综合变化丰富的城市场景。

重庆港客运大楼

50 年代，老重庆港客运大楼。重庆市美术公司 供图

　　最早的重庆港客运大楼建于 1958 年，总投资 70 万元，外形酷似山城宽银幕电影院。到上世纪 90 年代，旧楼已无法满足日益增长的水运需求。拆除旧楼建设新重庆港客运大楼被提上日程。

　　1991 年，新重庆港客运大楼立项，名为"朝天扬帆"。新大楼由 110 米高的主塔楼和裙楼组成，犹如一艘扬帆起航的帆船，隐喻着"航行"和"一帆风顺"。

90年代,新建后的重庆港客运大楼。Panos图片社 供图

整个工程耗时 5 年。1996 年,新重庆港客运大楼落成便成为了朝天门的地标。

2012 年 8 月,随着嘭嘭的两声巨响,重庆港客运大楼和三峡宾馆在一阵轰鸣声中化为瓦砾,标志着重庆朝天门曾经的地标建筑正式谢幕。取而代之的则是一座同样名为"朝天扬帆"的重庆超高层建筑新地标——重庆来福士。

重庆港客运大楼
建设者

王如麟

Chongqing Port Passenger Terminal
Builder
RULIN WANG

凤凰是在涅槃的过程中才变得更好的，我希望朝天门有更辉煌的明天。

1949 年 4 月出生，1965 年 12 月于港口参加工作，2009 年 4 月从重庆港务物流集团有限公司（原重庆港口管理局）退休。曾任重庆港口管理局建港指挥部拆迁办主任和办公室主任。参与过重庆港九龙坡港区一期、二期技改工程；重庆港江津猫儿沱港区技改工程；重庆港朝天门客运设施及大楼工程、重庆寸滩国际集装箱码头工程建设管理工作。获高级经济师和交通部水运专业监理工程师职称。

50 年代,正在修建中的重庆港客运大楼。《永远 朝天门》组委会 供图

Q:朝天门在重庆人心中是一个无法替代的地标和象征,但就其本身来说,是重庆最大的水路客运码头,您能从客运码头的角度谈谈朝天门码头吗?

A:自古蜀道难!过去,航运和陆运不发达的年代,进出川渝不管客运还是货运,主要运输方式都依靠长江水路运输。纵观历史,在开埠前,重庆就已成为长江上游的商业中心,朝天门码头地处两江交汇,是重庆历史最悠久也是最重要的港区。朝天门则代表了重庆作为西南门户的开放形象,以交通优势和金融发达带来的动能,带动了重庆这座城市的发展。

1957 年,经政府投资,当时的重庆港务局修建了重庆港朝天门客运大楼,大楼占据着朝天门半岛的中心位置。同时,翻修扩建了包括朝天门在内的数座码头。朝天门最低洼的沙嘴码头新修了下河公路,连通市区的公路网,方便港口旅客通行和物资的运输。

50 年代的港口客运站大楼总投资 70 万元,占地面积 5830 平方米,建筑面积达 7500 平方米。大楼主体建筑有 6 层高,砖混斗梁结构,外形仿似原来的山城电影院,大楼的建成使重庆朝天门门户形象焕然一新。当年的重庆港旅客吞吐量已达 70 万人次。老一代的朝天门港口客运大楼因城市发展需要已在上世纪 90 年代拆除。

重庆港客运大楼售票口。程良建 摄

Q:老朝天门客运站拆除新建重庆港客运大楼也是因为那个时期水运发展的原因吧?

A:进入 80 年代后，老客运设施的客运功能很欠缺，容量很小，已不能满足进出川客运的需求了。那个时代，客运轮船数量少，船票市场供不应求，客船船票要提前一周预约。旅客在客运大厅排队买票与乘船、候船时常呈现人流拥挤的景象。同时，过江轮渡对于那个时期的重庆人来说，就像现在的公交、轻轨一样，是生活出行的必要选择，所以港口建设发展的力度还需要加大。

受江水涨落以及朝天门沙嘴地形因素影响，当年朝天门港口客运服务条件存在诸多自然受限的问题，旅客从客运站购票到下江登船需要步行很长一段距离。无论是枯水期还是涨水期，旅客们乘船都不方便，如果是拖儿带女或行李较多的旅客乘船就更辛苦。枯水期，旅客们要走完接近五百梯的大梯道，再走一段很长的沙滩地，才能登船。这也是80 年代重庆"棒棒军"兴盛起来的原因，帮这些旅客搬运行李。而涨水期，水一旦漫上来，旅客就只能通过多艘跳船与跳板搭建的浮动走道才能登船与下船。跳板只有两米宽，栏杆的防护能力也弱，这样存在一定的安全隐患。

于是在重庆市政府的要求下，重庆港口管理局开始准备向交通部申报更新朝天门港口客运设施，以满足不断增加的港口客运吞吐量和重庆经济发展的需要。

通过跳板登船的人们。Panos 图片社 供图

Q：建设重庆港客运大楼，前期做了哪些准备工作呢？

A：为修建朝天门客运设施和改建重庆港老旧货运港区，重庆港口管理局在 1987 年成立了建港指挥部。我曾任建港指挥部拆迁办主任和办公室主任，主要负责整个工程前期工作。

前期工作中重要的一环就是向长江航务管理局和国家交通运输部立项。当时，我们看到了长江三峡旅游业发展的良好趋势，也鉴于整个朝天门市场的兴旺和基础设施建设的需要，朝天门已具备打造成客运旅游集散中心和商贸物资交易中心的条件。重庆市政府和渝中区政府相关部门对此非常支持。

前期的申报流程及手续办理非常繁琐艰辛，我们去湖北武汉长江航务管理局沟通协调了十几次，到北京国家交通运输部相关部门去报送申报材料不下五六次。当时申报的材料涉及重庆市政府各行政部门就有二十多个，为办齐重庆市的报建手续我们花了四个多月盖了八十多个公章，才把相关材料报备完。

除了港口客运设施、广场环境改建外，客运大楼主体建设也是重点，我们向全国多家知名设计院征集了设计方案。大楼裙楼及客运设施的设计单位为交通部第二航务工程勘察设计院；大楼主体的设计经过两次方案评选，最后选中了西南设计院的方案。这

水运昌盛时期，朝天门码头停靠的船只众多。魏中元 摄

个方案中，大楼主体建筑和层叠的裙楼建筑形象犹如一座帆船，整体建筑采用弧形玻璃窗设计，大楼像帆船的桅杆和风帆，裙楼则像船体。重庆是江城，港口与航运共生，设计寓意就是一帆风顺，所以这个项目也叫"朝天扬帆"。

此外，由于当时朝天门附近的旅舍很少，重庆港口管理局决定自筹资金在客运大楼主体建设功能上配套建设一个高档星级酒店，这有利于港口服务功能完善以及全市旅游业的发展，这就是后来的朝天门大酒店。

重庆港客运大楼的设计方案确定后，市政府要求整个前期工程在 1991 年开始启动，工期是三年，1994 年客运设施建成投用。主体大楼工期比客运设施工期晚一点，在 1996 年建成。朝天门大酒店装修工程则在 1997 年完成并开业。

我记得在 1998 年 6 月，为纪念重庆成立直辖市一周年，国家邮电部还专门发行了《重庆风貌》邮票，两枚邮票中除重庆人民大礼堂外就是朝天门地标性建筑重庆港客运大楼，由此可见"重庆港客运大楼"作为重庆城市地标建筑在全国的知名度与影响力。

现在朝天门的"来福士广场"项目的形象名也叫"朝天扬帆"，这是一种历史的延续，这个寓意非常符合朝天门的地形地貌和文化沉淀。

繁忙的朝天门码头。《永远 朝天门》组委会 供图

Q: 在建设重庆港客运大楼的时候，您觉得这个项目最大的困难是什么？

A: 算是困难重重吧。首先拆迁任务就很繁重。除了要拆除旧的港区朝天门客运站外，项目周边大大小小的四十多家单位也需要拆迁。不仅如此，还涉及供电、供气、供水、地下管网、市政绿化、公共交通电车路网拆迁等。我们花了 4 个多月才把拆迁工作这块"硬骨头"啃下来。

为了确保建设工期，我们甚至用上了人海战术。原客运大楼拆除时，动用了大概300 人的队伍，一天 24 小时三班倒不停工地工作。整个大楼拆除抢在一周时间内完成。因为朝天门人流、车流、商流量比较大，而又要保障朝天门客运港区船舶进出港靠泊作业，所以项目周围搭建了一些临时性的设施，比如临时售票点、人行便道、靠泊设施等，整个朝天门地区形成了一个建设大工地。

拆迁建设期间，朝天门的交通系统也进行了调整。实行人车分流，我们会同政府相关行政执法部门还专门成立了朝天门交通管制小组，对整个朝天门道路，包括长滨路、朝东路、陕西路、朝千路等进行了管制和公交车路线调整，以保证每条道路的畅通。如果一条路线堵了，车辆混乱，施工就无法开展。当时重庆知名的 1 路电车还在使用，为了保证施工顺利进行，电车线路也拆迁了近 1.5 公里。

诱讨蛛网般密布的电线，远眺重庆港客运大楼。《永远 朝天门》组委会 供图

Q：港口改建和重庆港客运大楼的落成给朝天门港口带来了怎样的变化？

A：经过近四年的施工，重庆港客运大楼建成，大楼总高度110米，共32层，矗立在长江、嘉陵江交汇的中心地带，成为重庆朝天门港口的地标性建筑。重庆港客运大楼工程项目被评为重庆市的优良工程，我们在有限的时间，有限的空间，有限的资金情况下，比较圆满地完成了建设任务。既保证了客运设施的顺利投用，又保证了客运大楼的按期建成，这对以后的港口客运发展、重庆旅游发展都起到了相当大的作用。

过去旅客们乘船需要上坡下坎，走河滩路，才能上船，经过交通部第二航务工程勘察设计院的创新设计后，客运大楼配套缆车同登船这个环节直接衔接，旅客从买票到候船再到上下船，都在封闭的空间内完成了。

当年客运大楼建成后，港口设施配套的完善和周边环境的有效整治，对重庆港客运旅游服务保障功能明显改善，有力提升了重庆旅游产业经济。第一，港口客运吞吐量从100多万人次发展到300多万人次，后来突破到400万人次。第二，重庆港客运大楼主体配套的朝天门大酒店作为地标建筑，是重庆唯一可观两江交汇的高星级涉外酒店，建在28层的玻璃观景厅丰富了重庆旅游景点和酒店接待能力，当时市内各家旅行社、客运游轮公司都在重庆港客运大厅设销售服务窗口，旅游的兴旺促成酒店房源时常紧张，朝天门大酒店也成为市政府大型重要会议的指定接待酒店。

到了90年代末，长江三峡游呈现全国火爆景象，旅游船票甚至一票难求。很大程度刺激了重庆旅游业的发展。同时，在高速公路、高铁还未成为交通出行主要方式的年代，水路客运依然是当年四川、贵州、陕西地区外出务工人员主要选用的交通出行方式。他们从朝天门港口坐船走出重庆，外出打工，沿长江各港口中转去到华中、华东、华南地区。

Q：您能具体介绍下重庆港客运大楼的功能属性吗？

A：重庆港客运大楼，我们港口人称它为重庆港大厦。大楼分裙楼和主楼两个部分。裙楼共五层。因朝天门为自然坡地地形，所以与街心花园临街一层为通过大厅；二层分别跨接陕西路和信义街，为港口客运售票大厅；跨朝千路的一楼为候船大厅。

主楼共32层，含地下三层。地上一层是酒店大堂，二层为酒店行政办公，三层到十五层是写字楼，从十六层到二十五层是朝天门大酒店客房，共计135间各式客房。二十六层为朝天门的观景层。从26层通过步行道，即可到达大楼最高处28层的室内观景大厅和室外观景梯台。由于大楼所在的特殊位置，是朝天门半岛的中心，所以大楼可以观赏山城重庆的四面景致。左面是依山而建的江北老城；右面是山脉延绵的长江江南；后方是现代与老旧建筑错落而建的山城半岛，而正前方最具特色可以俯瞰流经千里的嘉陵江在朝天门最终汇入长江的壮丽景致。

朝天门大酒店在1997年基本完工，进入酒店内部装修阶段和经营工作策划。当时重庆市旅游酒店总体较少，还没有一家五星级酒店。要数硬件档次最高和软件管理最好的当时就只有四星级涉外的扬子江假日酒店了。朝天门大酒店第一批员工和早期的营运管理就是在扬子江酒店培训学习的。酒店正式开业后，一直按照重庆市当时最高星级酒店的管理标准运营管理。客运大楼集港口客运、酒店餐饮、旅游观景、写字楼、会展会议等多功能于一体，在那个年代，这种城市酒店综合体不失为重庆的一道首创风景。

Q：2012 年 8 月 30 日，重庆港客运大楼在一阵轰鸣声化为瓦砾。这座曾经被誉为地标性建筑的大楼使用不到 20 年即被拆除，您能谈谈背后的缘由吗？

A：跨入 21 世纪以后，经济逐步腾飞，出川出渝的高速公路陆续增多。以前进出重庆水路是交通方式的最佳选择，但陆路交通，甚至航空发达后，大家更倾向于乘坐更便捷、更快速的交通工具，水运就逐渐衰落了。

重庆港客运旅游日益冷清，这看起来是我们的悲哀，但是从另一个角度来说，中国经济在快速发展，人们的生活水平也在日益提高，有更多的资金可以选择更好的交通工具了，这也是一件好事。

但就港口货运来说，长江水道依旧繁荣。水路运输的优势是公路运输、铁路运输和航空运输不能替代的。水运成本低，运量大，所以长江作为黄金水道，大宗货物、外贸物资选择水路运输依然是现在和以后的主流。

另外一个原因是朝天门码头虽然经过改建，但依然不能满足周边经济发展和城市配套的需求。依山而建的码头面积狭小，流动人口多，"脏、乱、差"较为突出，再加上临近解放碑核心商务区，朝天门服装及小商品批发的产业布局越来越不适应区域经济的发展。鉴于港口客运市场的萎缩，为了提升朝天门的城市形象和经济地位，重庆市启动了朝天门片区改造工程，港口管理局行政办公的搬迁和包括港口客运大楼片区拆迁工作相继开始实施。

Q：您既是水运从业者，又是重庆港客运大楼的建设者，当大楼爆破的那一瞬，您的心情是怎样的呢？

A：作为建设者，我感到心酸的同时也有喜悦，毕竟旧的不去新的不来。凤凰也是在涅槃的过程中才变得更好的，我也希望朝天门有辉煌的明天。

回想起来，朝天门的天际线由稀疏低矮的建筑到平层建筑到高层建筑，再到超高层建筑、特高层建筑，城市发展的脉络从朝天门的建筑变化中也看出来了。

那时重庆港客运大厦在建设期间是封闭起来的，市民看不到建筑的真面目。当重庆港客运大楼宣布建成使用，解除朝天门交通管制的那一天，重庆市民，特别是渝中区很多老居民都蜂拥而来看楼。连续一周左右重庆港客运大楼都人山人海，市民从售票大厅一直看到候船大厅。这种购票、候船并通过跨街玻璃廊桥与客运缆车实现上下登船的一站式方式对第一次体验的市民来说，很新奇。

客运大楼的体量和高度以及独特外形在当时是数一数二的，对市民的视觉冲击力是巨大的。很多摄影爱好者也簇拥在大楼附近或两江对岸取景拍摄。那时市民对重庆港

百年沧桑。 贺兴友 摄

客运大楼都津津乐道,街头巷尾都在谈起这个建筑。当时很多在解放碑"打望"的人都会专程到朝天门来看看大楼。

　　大楼虽然因城市的发展而拆迁,但大楼建设的过往、背后的故事、昔日的景象,这些记忆都是珍贵的,此景留待成追忆吧!它永远在市民的心里,也在我的心里。

重庆港客运大楼爆破。贺兴友 摄

从朝天门批发市场看来福士。司琪 摄

  从 2012 年举行开工典礼到 2019 年开放使用,重庆来福士前后建设历时 7 年。这座纵横交错的摩天楼由国际著名设计大师摩西·萨夫迪担纲设计。横向水晶连廊横跨 4 栋高楼顶部,长 300 米,拥有 270°天际观景台,50 米无边际泳池,人们可以在这里尽情俯瞰山城景色,感受璀璨滨江。

  萨夫迪利用渝中半岛犹如一艘巨轮的地形,巧妙地将来福士设计成朝天扬帆的外形,并希望通过这座建筑唤起人们对巨大桅杆和风帆的想象,从而感受风的力量以及水流的律动。

  因为坐落于两江交汇的朝天门——一个历来皆是重庆地理中心与精神中心的地方,所以来福士影响的不只是城市景观与人为天际线,它讲述的更多是城市的历史与未来,以及生活在这座城市中的人与建筑的故事。

我们喜欢这座城市，也希望重庆来福士能够成为重庆的一部分，而不是孤立的一座建筑。

建筑师

Architect
MICHAEL·MACKEE

迈克尔·麦卡

毕业于加利福尼亚理工学院建筑学院，曾参与温哥华公共图书馆、以色列本古里安国际机场、多伦多芭蕾舞团歌剧院、沙特阿拉伯利雅得国家水族馆等多个项目。

2015 至 2021 年，任萨夫迪建筑事务所中国区首席顾问，负责重庆来福士和上海 LuOne 项目。

重庆来福士在渝中半岛的区域位置图。图片来源 萨夫迪事务所

Q：因为来福士项目您来到了重庆，能谈谈这期间您对这座城市的感受与观察吗？

A：我在重庆的四年间一直居住在嘉陵江畔，晚上漫步江边时，江风拂岸，总能感受到江水与自然间那种美妙又默契的联结。城市夜景也一样美丽，尤其是江边小花园。受此影响，我们在来福士商业裙楼的屋顶也设计了一个山城花园，利用中庭天窗和屋顶花园打造出漂亮的互动喷泉，让游客能收获很好的体验。同时，我们还有开阔的观景平台，大家可以在自然韵味中俯瞰朝天门与两江美景。

对重庆人来说，朝天门曾经是很热闹的地方，但后来随着老城改造和新区开发，来朝天门的游客就慢慢变少了。尤其是我刚来重庆时，因为四处都在搞建设，市民很少走到这里来。不过当重庆来福士建成开放后，这里又重新人声鼎沸起来。对我来说，这是整个项目中最令我激动的一点。因为我很喜欢看到广场上人来人往。毕竟对任何建筑师来说，建筑的意义就是让人们与城市联结得更紧密，同时还能享受到更多与自然、阳光和空气接触的机会。

朝天门广场重新活起来后，我每天中午都会来到山城花园吃午饭。这里不但风景优美，还有很多可以随处歇息的地方，更有喷泉，赏心悦目。还有非常激动人心的一点是这里发现并保留了一段古城墙。你能够发现我们不但能够承载这段城墙的历史，更能让两江与重庆的渊源也这么流传下去。

Q：重庆来福士项目所处地理位置地形复杂，高差很大，已经形成的城市区域与朝天门广场也是脱节的，这给来福士建设带来了哪些影响？

A：朝天门出来既有水路，又有陆路，就是这条水陆穿行的血脉连接起来了来福士前端的广场和后面的城市。这在我们当时的设计中是一个比较难以体现的概念，但最后我们完成得还是非常好。

当时为了改善朝天门与城市的联系，我们重新梳理了朝天门区域的道路交通，增加了东西连接道接通陕西路、新华路与嘉滨路、长滨路，增加接圣街加强嘉滨路与长滨路的联系，同时解决来福士各个塔楼的落客功能。

建筑师萨夫迪手稿。
图片来源 萨夫迪事务所

　　如今来福士四周被三条街围绕，并且有三个和街道毗邻的出入口。你可以通过解放碑重重的街道，穿过三个出口中的任意一个到达广场。这里也有扶手电梯，你可以搭乘扶梯到达三个出入口。当然也有人质疑来福士是不是楼梯太多，但我觉得这在山城重庆应该不成问题。因为有一次我看到一位九十多岁的女士仍然背着包在爬楼梯，这真的太厉害了。

　　Q：作为超高层建筑，充足的阳光和广阔的视野是建筑最大的卖点和特色。但重庆多雾，有时冬天甚至几个月都看不到太阳，设计团队是怎么处理环境条件与建筑设计的关系的？

　　A：萨夫迪认为室内与室外，建筑物与环境之间的界限可以被模糊，所以围绕重庆来福士的基调永远是绿色。在来福士，你能看到公园、广场以及顶层的温室全都因为颜色联系在了一起。尤其是在水晶连廊的部分，水雾缭绕，非常神秘。

　　同时也因为重庆多雨多雾，让我们更加强调室外活动区域，要既能户外活动，也能在阴雨天提供庇护。在中庭最集中的位置，我们设计了能从解放碑出口直通朝天门广场的长阶梯，就是为了方便游客能够快速到达广场。而对居住在来福士的业主们来说，他们也能从半开放的阳台上向外眺望，与广场和两江建立身心联系。这是我们所有设计的原点，就是将所有部分都集中在一个点，所有地方都牵引到广场和两江交汇这一个点上来。

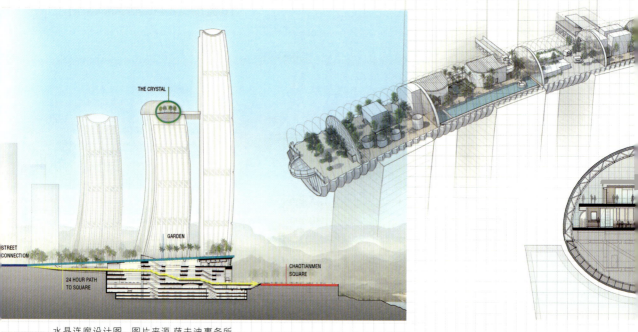

水晶连廊设计图。图片来源 萨夫迪事务所

Q：说到这里，可以谈谈你们在设计来福士项目时，最初的设计思路是什么，它是怎样与重庆产生共鸣的？

A：最初的设计思路是在第一次参观朝天门过程中产生的，中间我们也多次来到重庆。朝天门作为两条河流交汇点，为整个团队带来了灵感。我们在设计途中脑海里经常闪现出曾经来往商船交易的场景，因此我们也希望结合历史，让来福士以船的样貌立于朝天门之上。这既呼应了码头文化，也象征着船将载着历史，驶向未来。

除了将景观历史融入设计中，创造船只驶向未来的科技感，我们还在整个建筑设计过程中严格参考了河流曲线，把朝天门看作是船的船头，以船头向前行驶通往未来，就是我们设计的出发点。

Q：重庆来福士项目过程中有哪些难点和挑战？

A：在查看重庆旧城地图时，我们发现朝天门是城市开始的地方。如何呈现对历史地标的尊重，就是我们最大的挑战之一，因为我们需要确保我们真正了解朝天门。我们希望在尊重历史的前提下对这个区域进行改造，而如何让来福士和广场以及两江交汇发

在设计水晶连廊时考虑使用大量的绿植。凯德集团 供图

生关联，这可能是来福士遇到最困难的问题。

另一个问题是重庆来福士需要增强城市和广场之间的联系。因为在重庆来福士修建起来之前，解放碑道路系统对这块的连接不是很友好。对此，我们一直在研究一个三维建筑的想法，可以把不同层面的地形连接起来。

我们修建高架桥，贯通东西南北向道路；又把地铁一号线朝天门站的换乘枢纽站设立在项目 L2/L3 层；在长滨路和嘉滨路分别设置滨江人行步道，可以由梯坎直达朝天门广场；商场大门也架设平台，让大家可以由平层直接步行到朝天门广场。这都是我们通过对山地景观的思考得出的解决方式，希望能在高度发达的城市中心内解决人口密度、社区连通性和城市更新的问题。这当然很难，但我们做到了。

还有就是刚才谈到的重庆来福士的绿色基调，重庆绿植丰富，有山脊有公园，但在朝天门解放碑这片区域绿植很少，所以我们就想在来福士里面实现更多的绿植，让它自身就像一个公园。在设计期间这是一个很大的问题，但我们还是做到了，我们有绿植环绕的景观屋顶山城花园，那里有喷泉，有绿色的植被，有树木，事实上它就可以看作是可供居民使用的城中城公园。

Q：能从设计师的角度为我们介绍下重庆来福士吗？

A：重庆来福士创造了不同高度的公共空间和私密空间，它们高低堆叠，彼此呼应，最高处甚至可以俯瞰整个重庆。300 米长的空中连廊在 250 米高的云端之上将 6 座建筑相连接，对来福士而言，连接不仅是地面交通的连接，更包括空中的连接。

考虑到重庆山地地形，我们提供了多个不同标高的入口。因为重庆变化日新月异，所以在施工时我们也没有完全按照当时图纸上的内容进行建造，比如商场中间几乎直接连接上半城和朝天门广场的 108 级大楼梯，这都不在我们最初的想法里，是随着我们对城市的进一步理解后才调整设计产生的。

我们的购物中心与城市的南北主要街道对齐，购物中心的人行通道位于塔楼之间，形成清晰的室内通道，穿越购物中心就可以直达广场。而塔楼定位则遵循购物中心的内在逻辑，同时和周围街道网格对齐，提供它在城市中的方向感。

内部设计上，通透的天窗纵横分布，为室内街道提供了充足的自然光，还可以利用天窗光影做成倒影水池。外部设计上，自然光线的运用也在我们的考虑当中。我们通过在塔楼上设置曲线来增加塔楼北面的光感，同时北立面也设置了"风帆"，它不但强化了来福士扬帆的概念，更能在不遮挡视线的前提下减轻夜晚室外泛光照明对室内的影响。

水晶连廊是重庆来福士中的一个设计特色，它跨越四座塔楼，通过连接桥与两座更高的塔楼相连。在材料上，水晶连廊被六角形的玻璃和钢结构所包裹，可以全年为游客提供自然光线、开阔的视野和美丽的花园景观。西向的六角形表面金属面板和东向的玻璃在早晨可以提供充足的阳光，下午则会起到遮阳节能的效果。连廊内，110 多棵大乔木构成了一片空中热带雨林。这里不但有花园，还有种类繁多的餐饮空间、酒吧、无边泳池和酒店大堂等。

随着重庆的快速发展，对超大型、高密度的建筑项目也提出了更高要求。基于重庆来福士项目巨大的体量和复杂的场地特征，我们重新连接了城市的人流、车流、轨道流和轮渡流，并将这些资源在朝天门这个重庆重要的历史地标上分层整合起来。就像萨夫迪说的那样："当你在城市里设计一个一百万平方米的建筑时，你也在设计工作和居住在其中的人们的生活。"

Q：来福士体量巨大，据说从江北机场能够直接看到这座地标建筑，这么长的可视距离你们是怎么做到的呢？

A：重庆很少有笔直的道路，到处都是蜿蜒曲折的。我自己就时常在这些蜿蜒的小路中漫步，有时也许你一抬头你就能看见很远的事物。那天就是这么一抬头，我们在机场的一个瞭望台上直直地望向这里，然后一眼看见了重庆来福士。这不是我们有意为之，但它仍然会像一个象征意义上的锚，给人带来震撼的惊鸿一瞥的感觉。尤其是当你开车从几十公里外的地方沿着江边前进时，看着巨大的来福士慢慢靠近你，那种场景体验真的很壮观。

江边休闲的市民，抬头就能看到远处的重庆来福士。刘星昊 摄

Q：作为来福士的设计团队，你们希望来福士能够给重庆带来哪些改变或体验？

A：重庆是我去过的中国城市中最令人惊叹的地方，在到达这里之前，我大部分时间都在北京和上海度过。和北京、上海这种平原城市不同，重庆总是被群山环绕，独特又美丽。因此很显然，我们喜欢这座城市，也希望重庆来福士能够成为重庆的一部分，而不是孤立的一座建筑。

对重庆老城区而言，阳光、花园、宽敞的公共空间都是不易获得的稀缺资源，但我们解决了这样的问题，所以现在会有很多大人、孩子在这里玩耍散步。对我个人而言，这意味着我们最重要的工作已经完成——让重庆来福士成为城市生活的一部分。

未来我们会持续关注公众对来福士的各种评价，也将积极从有益的评价中吸取意见并改善设计。更希望未来无论是对重庆居民还是即将来到重庆旅游的游客来说，谈起重庆就能想到来福士带给他们的有趣经历，并说：哦，是的，那是重庆来福士。

建筑师

Architect
ZHEFEI CHEN

陈哲非

虽然我们只是一个开发商，
但我们也当了城市的建造者。

1967 年出生，马来西亚人。新加坡国立大学建筑学学士地产业学硕士，新加坡注册建筑师、新加坡建筑学会会员。专注建设设计和施工管理 20 余年，拥有多国工作经验。曾任重庆来福士设计部总监，统管该项目设计工作。此外，参与重庆化龙桥超高层、中新广州知识城等国内多个重大项目的设计与管理。目前任职于凯德集团中新广州知识城项目。

Q：来福士从项目立项起就备受关注。如今更是以新地标的姿态屹立在朝天门港口。作为项目建设者，您认为整个过程中团队遇到的最大挑战是什么？

A：重庆来福士在开工典礼前我们就为项目立项送审努力了很长一段时间，它从 2012 年 9 月举行开工典礼，到 2019 年 9 月购物中心开放使用，前后历时 7 年。现在项目各部分也是分阶段投入使用，建设工作还在继续。

重庆来福士项目的困难一方面在于它的体量非常大，占地面积 9 万多平方米，建筑面积超过 110 万平方米。从送审阶段开始，我们就在不停面对挑战。比如空中连廊，因为跨越四栋塔楼连接另两栋超高层，也跨越不同业态。在当时的消防规范里没有先例，加上跨业态规范是不准许的。所以我们组织了全国专家会，协调了整整四个月，请来奥雅纳做消防顾问、法斯特做性能化模拟实验，让逃生时间达到现有的规范要求，最后才通过审批。类似超规超限需要召开专家会来解决的情况还很多，包括结构、建筑节能等。毕竟重庆来福士项目很多建筑设计、结构设计以及技术要求都是采用新理念的。

另一方面在于它"横向"的独特设计，来福士空中连廊横跨在 4 座 250 米的高塔顶部，长 300 米，宽 32.5 米，高 26.5 米，最大跨度有 54 米，最大悬挑长度也有 26.8 米。相当于我们在 4 座高塔上，在 250 米的高空中，搭建了一座横向的摩天大楼。

另外施工过程中需要多方协调的事务也很多，因为朝天门地区交通拥挤、复杂，可以提供给我们展开施工的场地很小，所以每一个环节都不容疏忽，可以说每一次前进都是一场挑战。

夜色中的重庆来福士。凯德集团 供图

工人正在为水晶连廊安装
外墙玻璃。凯德集团 供图

Q：如您所说，来福士建设体量非常巨大，对此你们是如何协调管理每一个环节的？

A：来福士项目有 50 多个主要顾问，很多都来自不同地方，比如总设计萨夫迪在波士顿、巴马丹拿执行建筑师在香港和上海、结构顾问奥雅纳在上海、WSP 机电顾问在香港和上海，园林顾问来自加拿大等，还有很多规模小一些的设计师参与到各个建设环节。除了跟他们对接、反馈，我们的项目推进也需要跟重庆政府和各个相关部门沟通，包括刚才讲到的组织专家进行评审。而项目开工建设后，需要对接的总包、分包单位大大小小也超过一百个。

我们的角色就是充当所有人的媒介，串联起各个环节，根据项目规划计划统一协调推进，保证每个环节无障碍交流，这样才能在短时间内实现如此庞大复杂的项目。我们有个独立团队，专门负责组织计划，跟所有相关人和团队联系沟通，再一步步做节点计划和流程安排，比如开工的先后顺序、该预留的基建和结构等，都要事前规划好，才能为以后的摩擦和突发状况预留出一定的应急时间。

Q：您能介绍下重庆来福士的功能业态分布是如何设计的吗？

A：从功能业态上来说，来福士几乎涵盖了所有的业态，酒店、住宅、商场、办公以及公园等，业态越多，设计、建设就越复杂。尤其是重庆来福士这么大的体量，对交通的规划就显得尤其重要。所以我们不但整合了地铁、公交车站、港务码头三大交通枢纽，还外加了一个直升机坪。这些我们都是不分期地一次性建设完成的，所以对各方面的管理、衔接要求都很高。

相较来说，新加坡金沙酒店就没这么复杂。它的业态基本就是酒店、商场和赌场。交通组织也没这么复杂，因为它是一个填海区，所以交通建设基本都是新的。而来福士项目业态复杂，又处于传统核心区，所以交通组织上不但要衔接旧的路网，还要构建出新的通道。甚至有一些复原性建设项目，比如古城墙的修复和地域传统文化的再现等，也都反映在了我们项目的建设中。

Q：重庆来福士的修建确实让朝天门地区的交通状况得到改善，您能具体谈谈项目的交通组织吗？

A：以前朝天门的道路和广场是同一个标高，人、车、货没有分流，这是拥堵的最大原因。因此我们在做交通组织时，最关注的一点就是人车分流，通过不同标高、不同功能的道路来实现分流。

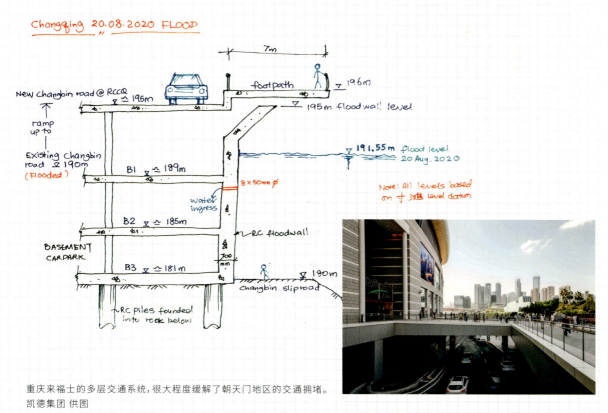

重庆来福士的多层交通系统，很大程度缓解了朝天门地区的交通拥堵。
凯德集团 供图

建设中的水晶连廊，从施工材料到最后的绿植都靠吊装完成。凯德集团 供图

现在，我们将车行道下沉，标高降到与长滨路、嘉滨路平行，路网连贯起来。而来福士商场与朝天门广场同一标高，商场 L1 层与广场直接连接。车在下面跑，人在上面走，就实现了人车分流。缓减拥堵的同时，行人相对来说更安全。

我们还新增了一条道路——接圣街，这条路贯穿商场、酒店、写字楼的落客区。而五栋住宅塔楼则设计了三个独立的落客区，这样就很大程度分流了进出重庆来福士的小客车。

公交车站和地铁通道也是分不同方向、不同标高接入来福士的交通路网。下货区是完全独立的，设置在公交车站后面，这样也实现了货车与小客车的分流。针对从陕西路、新华路方向而来，只是通过来福士并不做停留的车辆，我们特别设计修建了下穿道和高架桥，进一步分流车辆，减少落客区的拥堵。

人行线路主要集中在朝天门广场标高上。商场的三个主出入口，中轴线跟陕西路贯穿，右侧出口跟新华路连接，左侧跟朝东路连接。公交车站分为两层，上面平台连接商场，下面连接朝东路。另外我们还改建了一个大梯坎，连接解放碑和朝天门广场，可以供行人快速通过，这个很有重庆特色。

为了配合重庆"两江四岸"新规划，我们还对长滨路和嘉滨路人行道进行了拓宽，从 3 米拓宽到 7 米来解决节假日游客太多的拥挤问题。目前来看，整个朝天门地区的交通拥堵状况是得到缓解的。虽然我们只是一个开发商，但是我们也担任了城市更新建造者的角色。

Q：来福士项目除了体量的庞大、对交通的改善外，横跨在空中的水晶连廊无疑是带给人们冲击最大的，您能谈谈这个连廊的设计与建造吗？

A：对市民来说，水晶连廊的视觉冲击肯定是比较大的。但对于我们来说，它的功能性才是首位的。这个连廊平衡满足了各种业态的需求，让它们有机地串联起来，同时还构成了一个"空中花园"。"花园"里的植物几乎都是从外地运过来的，所以连廊温度恒定设置在 16℃到 24℃之间，和它们原本生长的地区温度接近。所有植物运到重庆后，都是经过一年的温室培植适应存活后，才一棵棵吊上去移植的。

目前来看，植物的存活率很高。但我们还设计了一个吊树孔，如果需要，还可以替换上面的植物。因为很大一部分资产都是自己运营，所以我们就会考虑比较全面。

重庆的城市天际线已超过了南山的
山脊线。司琪 摄

Q：重庆来福士的定位是面向未来的建筑，如何理解这个"面向未来"呢？

A：我的理解大概是三个方面。首先是对于建筑所在区域的交通组织，之前也提到过了，这是参与城市建设的部分。其次是绿化、环境的打造，未来人们对绿色、对自然的需求会越来越高，因此我们在园林方面也下了很多功夫。还有就是能源利用，我们引入了新加坡能源技术，在最外侧的两栋塔楼后建设了两个能源站，集中管理建筑所有的冷热能源使用。

在绿色能源方面，我们还通过不同材料的使用来降低能耗。比如水晶连廊，整个屋顶都是玻璃，我们局部采用了 3 银和双银 low-e 玻璃及将朝西面的玻璃全替换成了铝板来达到规范要求的保温节能效果，其他的玻璃幕墙根据位置和结构的不同，也选用了相等保温节能的材质。长久来说，这不仅能为重庆来福士项目节约能源，对地球环保也是友好的。

我们希望重庆来福士能成为新地标、打卡点，也从各方面激活朝天门片区，在未来重现朝天门曾经的辉煌。

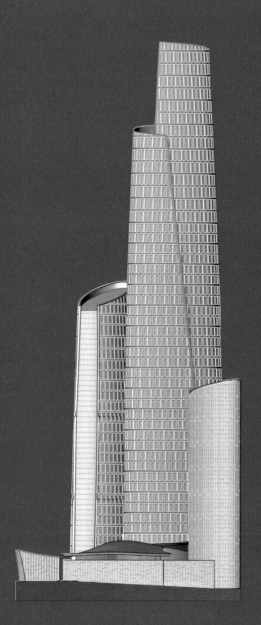

陆海国际中心

陆海国际中心位于重庆市渝中区化龙桥片区,东邻嘉华大桥,南邻化龙桥路,西侧为重庆天地住宅区,北临嘉陵江畔。建筑高 458 米,是全球超高层建筑榜单前 20 名。在更名陆海国际中心以前,它还有着另外一个名字——嘉陵帆影。

嘉陵帆影曾是瑞安集团的项目,后因市场原因于 2012 年一度停工。2017 年万科加入后,嘉陵帆影以肉眼可见的速度迅速增高,并更名为陆海国际中心。陆海国际中心项目设计灵感来源于重庆本地文化与特色,塔楼幕墙汲取"双重喜庆"元素,室内设计则融入巴山云雨等极具重庆特色的文化元素,是集商业、办公于一体的超大型综合性的建筑群。

陆海国际中心总平图。瑞安集团 供图

建筑师

Architect
XUPENG XIONG

熊序鹏

没人会否认超高层在城市经济发展中的象征性地位，但就个人而言，一个城市到底需不需要超高层建筑，或需要多少超高层建筑，我心中是有疑问的。

宾夕法尼亚大学建筑硕士，美国纽约州注册建筑师，曾在美国 KPF 建筑师事务所，BlessoProperties 地产公司，TENArquitectos 建筑师事务所服务，现任瑞安房地产规划发展及设计部总经理。

Q：请先谈谈您和陆海国际中心项目的渊源？

A：先简单自我介绍一下，我是一名出生在西班牙的中国台湾人。2009 年，我从纽约回到上海，在一家建筑事务所就职。上班第一天，我就出差到重庆。甲方带我们考察的第一个项目就是瑞安重庆天地。我跟瑞安以及重庆的缘分大概从那个时候就开始了。

2011 年，经朋友介绍我加入瑞安。负责的第一个项目就是嘉陵帆影项目，也就是现在的陆海国际中心。当时，项目正在做一个大的设计变更。因为重庆轨道交通路线调整，需要在项目内增设化龙桥轨道站点。但嘉陵帆影项目当时已经开工，瑞安方面需要一面继续施工，一面调整设计，同时还要把全部方案再重新送审。

2016 年后，我回到纽约又加入了 KPF 建筑事务所。KPF 是嘉陵帆影的主要设计者。因此，等到嘉陵帆影项目被万科接手重新启动后，我又很自然地参与到这个项目中来。因为嘉陵帆影开启了我和重庆甚至是中国建筑设计和地产开发的缘分，所以它对我来说也意义非凡。尤其是前后三个工作都和这个项目有关，能以不同身份参与其中，因此感觉会很奇妙，像是那种冥冥之中不可言说的缘分。

目前我已回到瑞安房地产在上海负责设计管理工作。

Q：作为嘉陵帆影项目的设计师之一，能给我们介绍下它的设计理念或者设计初衷吗？

A：这要从重庆天地整体规划说起，重庆天地位于渝中区核心区域，一开始瑞安就有意把它打造成一个大型城市综合体。我们今天看到的这 280 万平方米涵盖优质住区、商业中心、商务中心、休闲娱乐等不同业态的整体组合。商业办公用途的楼宇规划大概十几栋，嘉陵帆影超高层也在其中。当时嘉陵帆影项目的编号是 B11，项目总建筑面积大概是 70 多万平方米，包括地上地下，是非常可观的。

重庆天地新城的建设让化龙桥改变了面貌。瑞安集团 供图

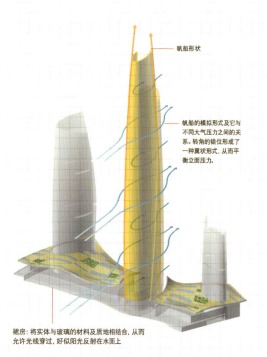

帆船形状

帆船的模拟形式及它与
不同大气压力之间的关
系。转角的错位形成了
一种翼状形式，从而平
衡立面压力。

裙房：将实体与玻璃的材料及质地相结合，从而
允许光线穿过，好似阳光反射在水面上

概念图示 Concept Diagram

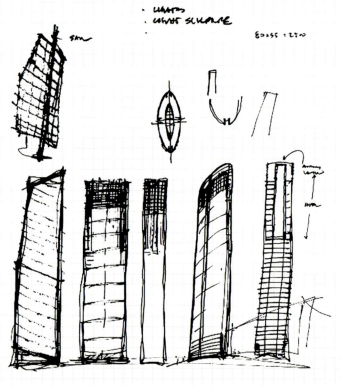

陆海国际中心的设计理念与设计手稿。瑞安集团 供图

嘉陵帆影参照了当时香港及上海 IFC 的定位，借此可见瑞安对重庆市场是非常看好的，设计团队请的也是美国 KPF、英国 OveArup&Partners 等世界著名设计机构进行的空间创意和可持续性规划。可以说，瑞安是有野心想在这里打造一个地标的。

嘉陵帆影因为它矗立在嘉陵江畔，很自然让大家联想到帆船。于是我们就用帆船作为它的整体设计元素，三栋塔楼是船杆船帆，而下面的裙楼是船身。后来在跟政府做汇报时，提到希望能增加一些当地元素。所以就取重庆"双重喜庆"之意，运用在建筑幕墙设计中。这个设计比较特殊，是用抽象手法将"双喜"二字展现在幕墙上，当时也是花了很多时间来研究的。因为整个楼体是下大上小，幕墙也要围绕着楼体向上慢慢收窄，在这样的结构上做装饰造型，从设计上来说是蛮复杂的。不过，也因为这个"双喜"的装饰性，无形中也解决了原设计中一些不足的地方。

Q：您刚提到嘉陵帆影的帆船元素，在很多超高层建筑中，我们都能看到帆船的身影，比如重庆来福士和厦门双子塔，也都以帆船为基础进行了外形演变。帆船形象为什么会受到超高层建筑的青睐，您认为嘉陵帆影的帆船形象与其他超高层建筑有哪些不同？

A：我在国内和国外都参与过不同的建筑项目，在中国感觉无论业主、政府还是老百姓都比较喜欢讲建筑背后的故事，所以设计师在做概念设计，寻找灵感的时候，就需要找到一个容易被大众联想和接受的点。而帆船就是一个比较直观的形象。当然，这只是作为一种概念设计，至于最后设计师会在他的建筑上去怎么表达和呈现，就是因人而异了。

嘉陵帆影就是由高低错落的三栋塔楼和商业裙楼聚集在一起，它虽然整体上看更像一艘扬帆起航的帆船，但是单看这些建筑的话它其实又有很强的现代感和抽象性，所以它和来福士横向视觉的帆船造型肯定是不同的。

Q：对于嘉陵帆影这种超高层建筑来说，它们建造的普遍难点是什么？

A：一个超高层建筑，业内比较关注的肯定是包括幕墙在内的整体建筑抗风抗震的安全性问题，尤其是四五百米，甚至六百米的高楼，首要考虑的一定是结构。因为造型不同，楼体与风的关系就不同，承受的风力也不同，所以结构设计上也需要不同的考虑。

其实超高层建筑不是静止的，它会随着风力晃动，有一定位移是很正常的。有的超高层会使用风阻球装置，嘉陵帆影则比较多地使用到避难层的通高框架结构来对抗风力。

另外，大楼的功能越复杂结构设计就会越复杂。比如楼体的核心筒，就是由电梯井道、楼梯、通风井、电缆井、公共卫生间等围护形成的建筑中心部分。核心筒需要匹配大楼的功能需求，国内很多超高层都是复合型功能的，比如顶层是酒店、中间是办公、下面是商业体，嘉陵帆影也不例外。办公空间跨度会比较大，而酒店空间跨度则比较小，这都需要核心筒去匹配，增加不同功能使用的电梯、大堂等。

原嘉陵帆影项目效果图。瑞安集团 供图

Q：您之前提到过 2011 年嘉陵帆影进行过一次大的设计调整，这个调整是否会再现李子坝"轻轨穿楼"的情景，能再具体介绍一下吗？

A：对，之前提到这点。项目内需要增设化龙桥轨道站点，而当时项目已经开工建设了。开工之后再来做重大变更，在设计调整和流程报批上都比较复杂。

为此，我们在设计上做了两件事。第一是要把原来第三栋塔楼的位置进行平移，给轻轨建设留出空间；第二是因为项目已经开始施工，为了不影响进度，我们设立了一条设计修改红线，就是已经审核过的地方不能动。

这个修改方案前前后后弄了差不多快一年，从概念图到施工图基本上等于重来了一遍。还有轻轨振动带来的与衔接楼体之间稳定性的问题，以及单独的逃生通道，都是设计上需要考虑的。

当时比较麻烦的是如何协调轻轨公司的设计部，因为他们的设计是落在我们项目进度后面的。在跟他们进行技术交流时，他们还只是规划了一条线，具体怎么建设还没想好。而瑞安因为已经在动工等不了那么久了，所以我们先花了很多时间和他们反复进行技术沟通与确认，好把我们与轻轨衔接部分的设计先做好。当然轻轨穿楼从技术上来说不是很难，除了衔接部分外，轻轨和建筑体是独立的两个体系，结构、承重都是分开的。只是建筑体把轻轨轨道包裹在里面而已。而它的主要问题其实是两个工程时间不对等时带来的沟通成本的问题。

Q：嘉陵帆影项目在 2012 年曾一度停工，后又因万科接手并于 2017 年复工并改名陆海国际中心，您了解其间的变故吗？

A：我刚才谈到重庆天地整个项目投资非常大，同时瑞安也一直非常看好重庆市场。但城市大的商业综合体也有它的掣肘，就是设计周期和施工周期非常长。那在这么长的一个时间跨度里，如果城市或开发商的经济增长两者之间发生了错位，就都会影响项目推进。这不仅是实力的问题，其实更有运气的成分。

因为所有地产商在做一个项目时都是兴致高昂、雄心勃勃的，认为城市未来很美好，大家可以互利共赢。但你很难判断它在长达几年、十几年的项目周期里，到底会发生什么。任何市场上或者政策上的变动都会影响到总项目的投资，甚至还有建设完成后市场到底能不能消化那么大的量，这些都是问题。

当然瑞安暂停项目主要是市场问题，有重庆办公楼空置率比较高这一问题，还有就是江北机场新增第三、第四跑道的一些要求还没有确认，飞机起飞后对嘉陵帆影超高层的楼高影响也无法确认。基于这几点整体考量之后，瑞安决定暂停项目，同时也需要再做一些调整分析。

到 2017 年，万科也加入到这个项目中。新的投资方加入，对原项目的盈利模式、项目预期也做了一些调整，最后项目更名为陆海国际中心。

修建在嘉陵江边的陆海国际中心已远超过了渝中半岛山脊线。黄祖伟 摄

Q：很多人会把超高层建筑看作是一个区域经济繁荣发展的象征，您觉得超高层建筑对设计师、对城市以及对地产商而言意味着什么？

A：如果你住在江边，超高层建筑就会给你无敌的景观视野，傲视群雄，这时人们都会觉得超高层建筑就是财富与地位的象征，也没有人会否认它在城市经济发展中的象征性地位。因此在很多建筑设计师心中，都会有一个超高层梦想，希望它成为自己个人职业生涯的代表作。

但就我个人而言，一个城市到底需不需要超高层建筑，或需要多少超高层建筑，我心中是有疑问的。因为超高层建设成本非常高，体量又大。如果这里土地价值非常高，那你把成本叠加在同一块土地，是有它的必要性的。如果这里土地价值不够高，那是把成

本分摊开来同时去建几栋楼更好，还是一定要集中成本去建一栋超高楼更好呢？

　　当然，这个想法只是对超高层建筑必要性的一个疑问。因为即使是中国经济极为发达的上海，真正称得上是超高层建筑的也就那么几座。还有随着很多城市楼盖得越来越高，超高层的概念也一直在改变。以前 300 米以上的建筑就叫超高层，现在好像没有个五六百米都不好意思叫自己超高层，所以到底有没有必要为了追求这个超高层而去越建越高呢？

　　从城市发展来说，瑞安喜欢打造一片社区，以人为本，我们大部分的项目都围绕着居住环境以及公共空间的使用展开。超高层对瑞安来说，除非是经济上有必要性，否则它也不是瑞安必须要追求的一个产品。

Q：从上世纪全球掀起修建超高层建筑的热潮，到如今这股热潮似乎已经在减退。您能谈谈这背后的原因吗？

A：我的理解是一般在准备修建超高层建筑时，这个区域或者城市的经济一定是在飞速发展的时候，大家才会启动这个事情。因为超高层建筑意味着人们对未来更有信心，才会花很多的钱去做这件事，它是个人或是城市野心的映照。

但从世界很多超高层建筑的建设和发展可以看出，因为它的修建周期太长了，可能等到它建成时，当地经济的发展反而与它不匹配了，出现了放缓或者说是衰退。所以在这个经济周期内地产商一旦没有办法稳住自己的脚步，结果就往往会很不好。

当然，中国的经济形态与国外又有些不同，它整体是向上的一个趋势，在超高层建筑的建设周期内往往不会碰到什么大的经济问题。但受现在全球疫情影响，城市办公楼的空置率开始上升。如果超高层建筑主要还是以办公为主的话，那市场在短期内确实无法消耗这么多的量。因此，未来超高层的运营走向，可能确实是一个需要深度思考的问题。

Q：住房和城乡建设部、国家发展改革委出台的《关于进一步加强城市与建筑风貌管理的通知》中，也对盲目建设超高层进行了严格限制，规定一般不得新建 500 米以上建筑。这意味着建筑一味"追高"的热情将被削弱，想请您谈谈您对城市未来建筑发展方向的看法。

A：近年来，社会普遍认为应对全球气候变暖已经到了刻不容缓的地步，尤其是中国作为碳排放大国，在全球减碳事业中有着无可替代的角色，所以"碳达峰""碳中和"也首次被写入中国政府工作报告。这可能会让未来更多的设计师、开发商、投资人，都更加关注地球生态与能源的可持续发展。

这是必须去做的一件事情，不然，未来天气会变得更加极端。这些都与人的生存环境直接发生关系。建筑行业的减排机会在哪里呢？控制建筑的温室气体排放是比较关键的。一方面是要减少建筑能耗，另一方面是使用可再生能源，包括屋顶光伏、地源热泵等。在这方面，中国建筑科学研究院近零能耗示范楼就是一个典范。

事实上，瑞安在如何减碳这方面也已经有所行动了。它承诺要在 2030 这一年达到一个非常明确的节能减碳指标。这会让我们在一些旧项目的运营、新项目的建设上都跟随这个指标去降低碳排量，包括引导我们的业主也一起行动起来达到减碳的目标。

Q：就您个人而言，您认为建筑行业如何减碳更好？

A：我刚才有说到，疫情暴发后，办公楼空置率是很高的。我认为与其说去建更多新的楼，不如考虑如何把原来空置率高的楼运营起来，让它正常运转。因为你只要做新的项目，无论你如何减碳低碳，它都会产生碳排放，会浪费地球资源。

当然，这并不容易做到。因为站在开发商的角度，他确实需要有新项目来维持运转。

建设中的陆海国际中心。
黄祖伟 摄

但从资源利用的角度，我觉得可以用更环保的眼光去看待既有建筑，用功能改造、维护翻新等小改动来提升它的使用率和使用价值。

从建筑材料来说，比如传统的钢铁、水泥，它们都是高能耗工业品。现在业内也会出现倡导用木结构来建造房子的声音。因为它抗震性更好，保温、保湿也有一定的优势。但在国内因为消防设计规范木结构的层数是有严格限制的，所以也无法完全推行木结构的房子。目前，国外可以通过最新技术搭建二三十层的木结构大楼。

我觉得无论采用哪种结构，提高机电性能，实现资源的高效管理，利用城市公园绿地形成固碳循环系统，从整体建筑结构设计上去优化它，才能真正降低能耗。这不仅是建筑设计师凭借个人努力就能办到的，更需要整个房地产产业环节的每一分子从节能减排角度出发形成合力，才能真正共建美好建筑与城市。

以人为本的城市新路径

A NEW WAY TO THE CITY DEVELOPMENT BASED ON PEOPLE

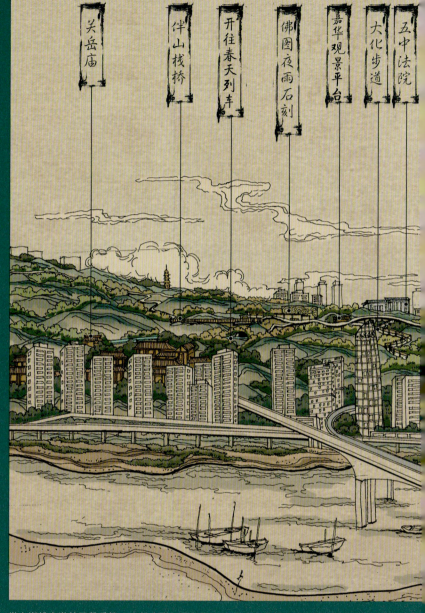

关岳庙
伴山栈桥
开往春天列车
佛图夜雨石刻
嘉华观景平台
大化步道
五中法院

半山崖线步道首开段手绘。中机中联工程有限公司 景观文旅设计院 周瑞 供图

　　重庆是著名的山水之城，山城步道作为城市慢行系统中最具特色的组成部分，自古就是市民生活、出行的重要载体，得到了古今文人墨客高度的文化认同，深受百姓喜爱。

　　近年来，重庆正式推出《重庆市城市提升行动计划》，该计划提出打造山城步道特色品牌（包括街巷步道、滨江步道和山林步道三种类型），完善重庆特色慢行系统，还专门编制了《重庆市主城区山城步道专项规划》，首次从系统化、标准化、特色化的视角开展了相关工作，探索山地城市步行系统的构建方法。

三角梅花廊

重庆天地

五一技校

虎头岩观光台

实施几年来,各级政府利用山地城市的坡坎崖壁、建筑内外空间以及轨道站点等,形成独具特色的立体步道;有通过改造防空洞、串联地下空间、增加遮蔽设施等,建设山城"凉道";有通过建筑改造增加步道驿站、公共服务设施、便民商业设施、民宿休闲设施等,建设巴渝传统、文化创意等主题的特色街巷……

这些密布于城市各个区域的步道,构成了美好家园的公共空间,正在为这个城市注入更多的活力和生机。

渝中区政府副区长

Vice Governor of Yuzhong
District Government
XIAOMING HUANG

黄孝明

未来的城市更新不再是简单的大拆大建，老旧小区也不是城市的包袱，而应该是铭刻城市历史的宝库。

1988 年，于南充师范学院历史系历史专业毕业，曾任教于四川省江北县华蓥中学、江北第二中学。1998 至 1999 年，任重庆市渝北区大竹林镇副镇长兼纪委委员；1999 至 2001 年，任重庆市渝北区委政策研究室副主任；2001 至 2005 年，任重庆市渝北区茨竹镇党委书记；2005 至 2007 年，任重庆市渝北区人民政府党组成员、信访办主任、政府办副主任；2007 至 2009 年，任重庆市渝北区人民政府党组成员、办公室主任、党组书记；2009 年至今，任重庆市渝中区人民政府副区长。

时光里枣子岚垭步道。龙帆 摄

老川城步道上人马穿行，哈里森·福尔曼 摄

Q：渝中区作为重庆母城，历史文化资源集中而丰富，这几年来，渝中区就历史文化名城展示区的建设，有哪些重大项目能够给重庆带来新的文化景观？

A：这是事关渝中区未来长足发展的系统工程，我们已经完成《重庆历史人文核心展示区保护传承专项规划研究》《重庆历史人文核心展示区保护传承项目规划实施导则研究》的规划编制。

现在我们正以专项规划研究总结的重庆历史人文核心展示区历史文化价值体系为基础，依托"重庆母城、美丽渝中"深厚的历史人文底蕴，加强渝中半岛区域内价值载体、环境及其空间关联的保护，统筹协调城市发展与历史文化资源保护，推进历史文化名城展示区保护建设，突出文商旅城深度融合的发展方向，目前已经完成和正在推进的项目，都是在这个大的规划下开展的。

文化景观是文化遗产的范畴，其实我们推进的这些项目都与文化景观相关，但是我们更在意将文化景观打造成旅游景点，我们依托十八梯传统风貌区、山城巷传统风貌区、戴家巷特色老街区等项目，联动打造红岩村、长江索道等一批景观点，陆续打造出了山城步道、文物建筑、历史建筑、古城墙、抗战文化、红色文化等一批精品旅游线路，这些能够成为旅游线路的地方，都有文化景观的支撑。

未来值得期待的，还有朝天门片区治理提升。该项目将重点围绕朝天门广场和洪崖洞—朝天门—湖广会馆 2.7 公里沿江岸线，按照"顺应自然、尊重历史、传承文化、写意当代"原则，精心塑造朝天门"山水之门、人文之门、开放之门"。

一是建设展现山川宏伟壮阔、连接人与自然的山水之门，成为两江汇流的观赏和展示地。运用中国传统江河护岸智慧，优化现状生硬的混凝土台阶，逐步恢复消落区生态自然驳岸；将原有 14 处码头泊位调整为 6 处；在朝天门广场保留补植高大乔木，提升景观环境品质；利用两江交汇处现状码头泊位设置功能性趸船，延伸河岸线，优化空间尺度比例关系。

二是建设开启重庆悠久历史、承载商埠记忆的人文之门，留住重庆市民对古城、古埠的乡愁记忆。恢复朝天码头、磨兜码头、民国新码头等老码头以及大梯道等历史场景，保护"重庆朝天门广场"题字、"零公里"地标、朝天门缆车等历史遗存；提升朝天门广场铺装、装饰品质，凸显"诗意古味"；优化现状朝天门门洞比例关系；将现状市规划展览馆改建为展现重庆历史人文和提升旅游服务功能的场所，展示重庆的昨天、今天、明天，让重庆市民了解历史人文、感受现代发展、展望重庆未来；设置雕塑、文化墙和标志牌等，讲述重庆故事。

三是建设引领重庆通江达海、融入"一带一路"和长江经济带的开放之门，打造"行千里·致广大"的出发点和目的地。改造广场下部建筑空间，建设综合性服务及展示空间，局部恢复巴渝河街意向，设置游客集散中心，加强两江游、三峡游等旅游集散服务功能；以民生公司轮船为原型，利用功能性趸船建设重庆航运博物馆，展示重庆两江航运发展史和"内陆开放高地、山清水秀美丽之地"的建设成就。

1996年，长滨路、嘉滨路、朝天门隧道通车，整个菜园坝地区交通得到了有效改善。重庆市城市建设档案馆 供图

Q：随着城市化的推进，现代城市越来越看重自然资源的价值，渝中区两条江岸线，都在"两江四岸"规划的管控范围之内，渝中区用了哪些措施，确保两条江岸线的文化和自然资源价值？

A：在针对"两江四岸"的规划管控中，我们有几个特别关系民生的项目，主要体现在东水门大桥至储奇门码头岸线提升工程、珊瑚公园和滨江公园的改造工程上，这都是在保护江岸线自然资源和文化资源的基础上，又为老百姓提供亲水娱乐空间的举措。

其中，东水门大桥至储奇门码头岸线提升工程利用垂直绿化、常规园林绿化、消落区生态修复等方式系统性地提升本段的绿化景观效果，形成滨水带状公园空间。根据场地现有带状空间和退台形式，打造标高在180高程和175高程的两条滨水道，其中180高程步道的尺度较大，可满足市民游客聚集、游览、观景等多种需求；175高程步道更是本次设计更新后渝中滨江一大特色亮点，让游客更为近水、亲水，可以滨水漫步休闲，总体规划宽度为6米，包括一条健身步道。

滨江步道里面我们还要完善过去一些体育休闲设施，并且充分挖掘储奇门的历史

文化，这是解放军解放渝中半岛进城的一个登陆口，当时解放军从南岸海棠溪打过来，到储奇门登上岸解放重庆城，我们计划把解放军入城的历史展现出来，同时结合国防科技教育，把这些元素加进去，做成一个内容丰富的公园和可观可驻足的步道。

珊瑚公园建于 1997 年，是重庆直辖的一号工程，公园入口的新世纪广场中蕴含了新重庆许多值得纪念的数字。改造后的珊瑚公园将以"新城变迁"为主题，重点展示重庆直辖的历史和直辖后的发展变化，并打造特色铺装讲述重庆新城的发展历程和世纪光柱当时的设计意义，让更多的市民和游客了解重庆直辖的历史和文化。改造之前的珊瑚公园中轴构筑严重割裂了公园内场地空间，阻碍了市民从城市腹地到达滨水岸线的路径和视线，改造后，将取消原有中轴线构筑，更新为市民大草坪，改善区域内视线的通透性和交通的通达性。

滨江公园的改造还考虑到要为周边老旧居民区，提供必要的活动配套设施。保留现状大树，梳理整合现有场地，充分利用林下空间，打造趣味林下广场，为游人自发性的活动提供场地，并合理利用边界空间，设置景观构筑物、座椅等休憩设施，让市民走得进来、留得下来。

虎头岩公园人行步道飞架在车行道之上。田祥吉 摄

Q：我们注意到，这几年渝中做了几条特色鲜明的山城步道，如"西南大区步道""环城墙步道"，如何理解这些步道的价值？

A： 重庆是个山城，步道最能体现山城的魅力。早在 2018 年，我们就完成了《渝中区步行系统专项规划》，深度挖掘渝中独特的山水城市风貌和三千年历史文化资源，通过步行系统的重新规划，将山水人文资源融入到市民生活中，实现"建设适宜步行的渝中城区"，复兴山城的魅力生活。

根据规划，未来渝中区将形成"一带、6 横、16 纵"总长 110 余公里的步行廊道结构，

步行网络串联全区人文要素、景观要素、设施要素 95% 以上，突出展现最山城、最人文、最活力的渝中特色。

目前，佛图关山脊观光步道、戴家巷崖壁步道、西南大区步道、枣子岚垭步道、张家花园步道、曾家岩临崖步道等都已经建设完成，并且成为了渝中文旅的新亮点。其中，西南大区步道是对新中国成立之初，西南以及重庆地区行政历史的深度挖掘，依托中山四路、嘉陵桥路、四新路、下罗家湾、人民支路构成主环线，连接曾家岩步道等多条支线。整个步道串联起重庆人民大礼堂、重庆市劳动人民文化宫、大田湾体育场等西南大区时期的重要建筑，游走其间，既是对于历史建筑的饕餮享受，也是对山城市井生活的重温。

上清寺。重庆三代一生文化传媒 供图

Q：渝中区是老城，一直有着老旧社区改造和城市更新的问题，请举一两例说说渝中区在这一领域的创新和突破？

A：旧城改造与新建不同，是一项更为复杂、更考水平的系统工程，需要考虑周全、有序推进、有机更新，既要改善群众居住环境，完善城市功能，又要促进城市风貌提升，展现城市特色，延续历史文脉。

渝中区在旧城改造过程中，将改造思路由"拆、改、留"调整为"留、改、拆"，注重人居环境改善，采用微改造，下足"绣花"功夫，严禁随意拆除和破坏，坚决杜绝"拆真古迹、建假古董"。我们推动实施了 10 个传统风貌片区、10 个山城老街区、10 个特色老社区的升级改造，通过山城特色和历史文化内涵的保护修缮和活化利用，打造出山城巷、戴家巷、鲁祖庙、十八梯等具有传统风貌的特色街区，解放西路、七星岗、人和街等烟火气和文化味相得益彰的特色老社区，把乡愁留在现代都市之中。

按照"消隐患、补功能、提环境、留记忆、强管理"15 字原则，综合改造和管理提升"双

(枣子岚垭)老旧小区承载着人们的记忆，但也需要提档升级。图虫创意 供图

管齐下"推进老旧小区改造。上清寺街道嘉西村，在老旧小区改造中，用好区位优势和丰富的历史文化资源打造出"嘉西八景"，成为全市文明社区、"重庆最美小巷"、国家AAA级旅游景区；双钢路片区围绕把居民需求变成改造的要求，统筹完善社区食堂、养老、托幼等服务配套，居民生活品质明显提高，还因充足的就业机会和便捷的生活配套，吸引了不少外乡人前来追梦，其改造经验在全市推广、央视媒体宣传报道。枣子岚垭片区，美化了空中步道，因势利导充分利用下面的消极空间，精致打造慈孝文化园、儿童游乐园、健身场地等，改造后不仅"小而美"，而且能"小而优"，成为立体展示山城独特魅力的特色社区。

还有正在改造的张家花园等历史建筑，通过保留历史风貌，精心修缮改造，未来将提供有文化、有品位、有特色的高品质租赁住房，吸引更多优秀人才入住。

可以说，未来的城市更新不再是简单的大拆大建，老旧小区也不是城市的包袱，而应该是铭刻城市历史的宝库。要像对待"老人"一样尊重和善待城市中的老建筑，保留城市历史文化记忆，让人们记得住历史、记得住乡愁。

阳光洒在戴家巷临崖步道上。图虫创意 供图

曾家岩临崖步道别致的旋转楼梯。重庆日报 供图

Q：重庆是个典型的山水城市，渝中区更是"两江环抱一叶浮城"，渝中区是如何保护和利用这一核心资源的？

A：现在的城市规划能够连山接水是很不容易的，在"戴家巷"片区，我们正在努力实践这样的山水意境，这个片区位于毗邻洪崖洞、临近嘉陵江的崖壁山坡之上，是我区近现代山地民居传统风貌老街区，体量较大，除了拥有独特的山水条件以外，街巷肌理、自由生长的山城民居、崖壁梯坎、大树灌木等资源也很突出。

建成后的戴家巷崖壁步道呈"Z"字形，盘旋在陡坡上，往下过洪崖洞人行天桥可到达嘉陵江边，往上接戴家巷老街区，戴家巷崖壁步道长约 750 米，其中悬空步道 300 米，高差接近 60 米。

2021 年 1 月 25 日，正式建成开放，步道内有洒金陡坡、吊脚楼畔、飞仙岩石、洪崖城墙、峭壁黄葛、临崖瞰江等 6 个景点，老重庆元素丰富。市民站在步道可俯瞰嘉陵江、远眺江北嘴，黄花园大桥和千厮门大桥分布左右。

为了便捷市民的出行、提升市民的出行体验，连通山水、崖壁的特色资源，戴家巷崖壁步道建设和洪崖洞天桥的建设，还打通了嘉滨路至解放碑区域、戴家巷至洪崖洞的步行流线。

以前，市民从嘉滨路到解放碑国泰艺术中心片区，需经嘉滨路、棉花街、沧白路、临江路，绕行约 30 分钟。为解决市民绕行问题，我们顺应地形，修建了崖壁步道和洪崖洞天桥，市民可直接在嘉陵江边过洪崖洞天桥，经戴家巷崖壁步道至国泰艺术中心，步行时间约 15 分钟。同时，通过崖壁步道中间平台，市民可直接由洪崖洞步行至崖壁步道，分散了旁边洪崖洞景区的人流。

可以说，"戴家巷"片区打造全面保护了传统风貌价值的历史人文和自然景观要素，在尊重山水崖特色风貌、保持历史氛围的前提下进行更新和发展。

建筑师
Architect
QIANLI XU
徐千里

作为与人的生活直接关联，并无时不对其发挥作用与影响的艺术——建筑在造就全面发展的人，使人类真正『诗意地栖居』在浩大社会工程中，担负着其他艺术无可替代的光荣使命。

1963 年生于重庆，城市和建筑文化学者，博士、教授、正高级建筑师，重庆设计集团党委书记、董事长。重庆大学兼职教授、博士生导师，中国建筑学会常务理事、资深会员，中国勘查设计协会理事及建筑分会副会长，重庆市土木建筑学会副理事长及城市更新与既有建筑改造分会会长，重庆市城乡规划学会常务理事及历史名城专委会副主任委员。

长期从事建筑和城市规划的教学与研究，出版多部专著，发表学术论文近百篇。长期从事城市的规划、建设和建筑设计及其管理，专注城市文化、建筑哲学、建筑美学、城市更新的理论和实践。

老城区注入新文化
成为当下城市更新
的风潮。
图虫创意 供图

Q：随着城市大规模建设越来越少，很多城市开始关注历史文化厚重的老城区、关注城市更新，尤其聚焦老城区公共空间的营造，请以重庆为例，谈谈这一现象的形成背景。

A：与中国的许多大中城市一样，重庆在持续数十年快速的工业化和城市化进程后，迅速改变了城市的空间形态和传统风貌，同时也改变了人们的生活方式和理念。

人们至今还能够清晰记得并津津乐道的许多城市景象，在急速的"现代化"进程中几近消失殆尽，这不禁令人怅然若失。这种情势尤其对居住在老城区的居民来说，失去的不仅是曾经朝夕相处的生活环境，还有一种特别值得珍视的生活气息与温情。

伴随着近年来城市发展和建设模式的转型，对于从事城市营造和建筑设计的人员来说，面对的问题及关注的重心也在发生着改变。一个显著的特点和现象是，城市公共空间受到了越来越广泛的关注，并将公共空间的话题与城市文化、城市记忆和城市活力联系在一起。

Q：重庆这几年推出了"山城步道"的规划体系，请站在学术的角度，谈谈这一概念的可行性？

A：与步道对应的体系就是车行道，西方的学者早就关注到这一问题。他们发现：汽车的大规模使用对城市的空间和功能的影响巨大，与昔日的城市相比，如今汽车慢慢侵蚀挤占了原本属于行人的活动和生活空间，城市人活动、生活的空间被大大地压缩了，许多城市或城市区域因此丧失了活力，要使我们的城市重新焕发出生机与活力，就需要把这些被挤占的空间重新交还给行人和行人的活动。

随着人们对于城市公共空间品质的日益重视，城市中步行空间的营造亦越来越成为大家关注的焦点。许多城市学者不约而同指出，一座好的城市首先应当是一座适合步行的城市。简·雅各布斯（Jane Jacobs）和彼得·卡尔索普（Peter Calthrope）的表达更为直接，他们都曾表示，当人们想到一座城市的时候，首先想到的往往就是它的街道——街道有生气，城市也就有生气，街道出了问题，城市一定就会出问题。这种观点和认识源自一种更加关注人的生活、强调步行优先、以人为本的城市理念。这种理念强调人在城市开发中的第一优先地位，作为一项系统性的城市问题解决方案，它并不拘泥和局限于交通系统建设，而是同时关注和触及了从人的活动、生活到城市规划、街道、产业，到建筑、环境、文化、消费等诸多方面的问题。

因此，"山城步道"这一理念将深刻影响到重庆城市规划及空间关系、宜居城市和社区治理、城市更新和旧区改造、城市消费与商业业态，以及城市的现代性、城市活力再造、城市产业布局、城市环境、城市文化、城市功能、建筑设计的再定义等诸多问题和领域，是对城市功能进行整合，以保证在城市里生活的人们生活、社交、休闲、工作等各种需求的实现，系统性建设和营造真正对行人高度友好的城市公共空间，创造富有吸引力的高品质城市环境和城市服务，最终促进城市向以人为本、为人服务的根本目标回归。

Q：为什么我们要通过完善步行空间，建设或复兴重庆老城区的活力？

A：作为重庆的母城，著名的山城和江城，渝中半岛依山而建、江水环绕，"山、水、城"深度融合，突显出极具个性与特色的城市空间形态。因此这个城市区域的建造方式、风貌格局、功能结构，以及人们的生活状态，都呈现出与其他城市的明显差异。

正如有学者所言，"在重庆，城市空间的限制、影响与惊奇远胜于建筑物本身。重庆将自然造化与人为建造结合，大至山水起落、交通骨架、摩天大楼，小至台院堤坎、陡坡斜巷、市井民宅，在崇山峻岭中孕育出这样一个如此不同甚至难以用常规之'理'判定的'无理城市'"。

1990年代以后，重庆中心城区大规模的旧城改造，极大地改变了原有的城市空间格局，也颠覆了原有的生活形态。大尺度社区的开发、封闭式小区的建设，以及过去城市中大量存在的垂直于山体等高线的纵向和竖向人行步道的消失或阻断等，造成了步行空间明显减少和公交出行不便；因山城道路狭窄弯曲，小汽车出行大幅度增长，造成城市交通日益拥堵；许多城市街区用于单一的居住或办公功能，城市原有的复合功能渐渐

世界著名的城市步道案例——美国高线城市公园。图虫创意 供图

世界著名的城市步道案例——福州城市森林公园。图虫创意 供图

90 年代的朝天门（左）和菜园坝（右）人车争流的情况都很突出。《永远 朝天门》组委会 供图（左） 阎雷 摄（右）

丧失，适宜步行的空间和条件日益被为小汽车服务的道路、设施所挤占和取代，大大降低了社区和城市公共空间的品质及可达性、融通性、便捷性和紧凑性，严重降低了城市活力。

为此，我们很多的城市、建筑专家和学者提出了在城市更新发展中回归城市日常生活的目标指向、建设适合步行的渝中半岛等主张，这是在对城市发展中的种种问题深入反思基础上的一种选择和取向。

Q：请以解放碑和朝天门步行空间为例，谈谈老城区步行空间的现状，其中有哪些突出的问题？

A： 解放碑和朝天门是重庆渝中半岛乃至整个重庆市两个重要的城市节点，两地之间直线距离不足 1.4km。这一区域是重庆母城的核心，不仅包含闻名全国的解放碑商圈和步行街区，而且含有厚重的文化底蕴和众多历史遗迹。虽然由于山城地形条件的限制，联系两者之间的道路纵横交错、迂回曲折，但仍然形成了极具魅力、充满生机和活力的重庆城市活力中心区。

　　然而在过去 20~30 年的建设中，由于片面追求城市开发中的土地利用价值及单纯强调机动车优先，街道的空间格局与肌理发生了很大改变，大量纵向步行街巷被阻断，而沿等高线的横向街道也因为机动车优先的目标取向而日益失去了昔日承载日常生活的功能，成为单纯服务交通功能的道路，城市公共空间的数量、品质和活力均严重衰减。

　　在对该片区城市公共空间现状问题的调查和分析中，我们发现一个现象，在这个繁华的 CBD 区域，影响其城市公共空间品质的并不是那些大型商厦或写字楼，而是这个区域的人行道、街头巷尾和建筑之间的户外空间。在这个历经过多次不同程度更新建设的老城区，1980 年代还是这里最高的解放碑，而今早已淹没在四周林立的商厦和摩天大楼之中。

　　但因为种种原因，这些不断改写重庆城市天际线的新地标似乎更加在意自身的形象和标志性，而对于近在咫尺的步行道路、街头巷尾和建筑之间的公共空间却始终未予真切关心和同步提升，以至于这样一个重要的城市核心区竟然因为缺乏应有的城市服务功能和高品质的城市公共空间而日益丧失了往日的活力。

Q：如您所言，曾经的解放碑和朝天门地区是重庆极具魅力、充满生机的城市活力

中心,如今已经成为一个单纯服务交通功能,街区活力明显衰落的区域,你们是如何通过公共空间的梳理、营造,改善这一线的格局的?

A:在解放碑和朝天门这样一个商贾云集、活力十足的繁华城区,既有大量的城市原住民,也有汇聚于此经商执业的各路人士,还有旅游观光的八方宾客,这使该城市区域的人口、环境、街道、建筑和城市功能均显示出更为多元化和混合性的构成特点。

这样一个多元化的环境,必然带来不同于普通中央商务区的生活、交往需求;而在解放碑到朝天门这个高密度、复合型的都市核心区,也需要并有可能营造这样富有表情和温度、充满活力的社区。

从这一认知基点出发,在旨在延续城市文脉、复兴城市活力的新一轮更新改造中,我们尝试从人的生活、活动及其需求的角度提出对于解放碑到朝天门步行空间品质提升设计的思路与策略,对包括道路、建筑、景观、市政设施在内的 5 个大类 19 个小类进行了全面提升。

我们在优化、完善建筑风貌的同时经过近一年的紧张建设,这个城市片区的更新改造几近完成,人们发现,在城市面貌得到显著提升的同时,城市的活力也得以逐步显现。

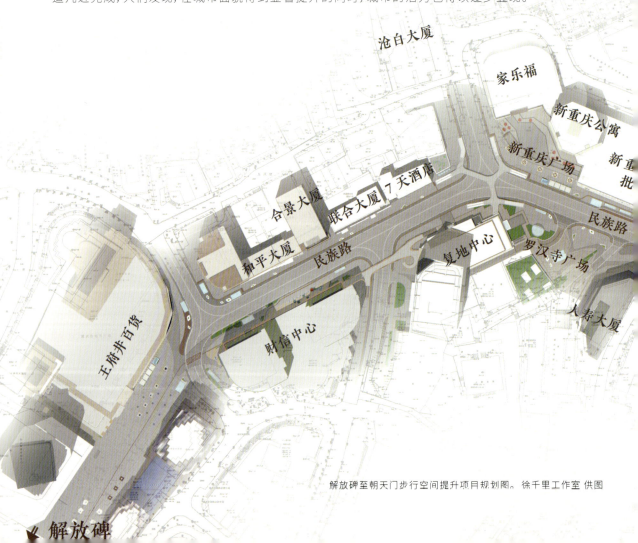

解放碑至朝天门步行空间提升项目规划图。徐千里工作室 供图

解放碑

朝天门广场

九庭酒店

下新华路

圣名国际服装城

新华路80号

小什字花园

打铜街小广场

品

华大厦

轻轨4B出口小广场

解放碑地区航拍图。杨荣 摄

建筑风格的和谐统一是老街区空间提升的重要一环。
解放碑至朝天门沿线街景。杨荣 摄
手绘草图。余水 绘

步行空间提升后，街道更加整洁有序。杨荣 摄

Q：通过你们的设计改造后，解放碑和朝天门地区有哪些显著的变化？

A：首先易见的变化自然是街道景象，不仅街道空间更加整洁有序、适于步行，街道两旁的建筑风貌更加和谐统一、整体有机，而且另一个令人欣喜的现象是街道上除了匆匆赶路的行人，到这里流连漫步、驻足观赏甚至嬉戏玩耍的人多了，半岛在保留了众多渝中城市文化景观和记忆的同时，又通过更新改造注入了许多新鲜元素，令来到这里的市民和游客既怀有几分亲切又平添了几许新奇。

这个片区的道路大多曲折、狭窄，个别段落甚至有人行道宽度不足 1.5 米的"瓶颈"，加之人行道上的各类箱体、电杆等，使原本就异常逼仄的步行空间更为紧张。设计不当的安全隔离栏杆亦使原本狭窄的街道空间显得更为拥堵和封闭。

我们在更新设计中综合考虑了这些问题和因素，对步行道空间进行了梳理、优化：通过改善人行道与建筑等界面的关系，更换隔离栏杆，迁移路面的箱体，在有条件和需要地方增设路边休憩座椅等设施，集合导示系统实施多杆合一，使街道空间对行人更加友好。通过调整或完善部分街道空间节点的形态、界面和功能，将过去的某些消极空间转换为充满活力的公共空间。

Q：在完成解放碑朝天门步行空间品质提升项目后，谈谈您对于重庆的城市更新和

221

位于解放碑到朝天门一线的千年古刹罗汉寺，焕发新生。 杨荣 摄

(左、右)如今的城市更新更加注重和强调公共空间的建设。 杨荣 摄

公共空间建设理念的新理解？

A：解放碑朝天门步行空间品质的提升，经过从更新规划、城市设计到专项设计的过程，包含了从建筑、景观、市政设施、城市家具等各个方面，但是空间的营造无一例外都指向和回归到设计的本质。

设计并不是为了去突出某个建筑或空间的独特性，而是要从根本上解决城市发展中所出现的种种环境品质问题，从而为城市人的生活服务。在近年大量的城市更新实践中，我们发现，不论设计的项目及类型怎样，我们所面对的设计任务都发生了明显的变化。建筑、景观、市政、设备等不同专业的工作边界变得日益模糊，但指向的目标却更加明晰，而且在方案设计阶段就要为实现这些目标而协同工作。实际上，工作的内容和方式都不同于传统意义上的建筑设计，而更加接近城市设计的理念和思路。

　　在城市由粗放型、外延式扩张向高质量、内涵式发展转型的背景和要求下，近年重庆的城市更新和公共空间建设理念发生了积极的转变，从更加注重和强调公共空间中，如城市轴线、标志性景观和建筑等视觉形象，到日益关注街头巷尾和建筑之间的日常生活与城市活力，探索了许多有深度、有价值、充分体现重庆地域文化特色的城市设计思想和表达形式，反映出这座城市正在向着更加贴近人的生活需求、更加符合城市基本属性、更加以人为本的价值目标回归，并体现出更多的开放性和包容性。

　　这些趋向引导了一种能够传递文化价值观念和生活理想，演绎多元化日常生活体验的城市发展取向。从某种意义上说，它们在重新塑造社会生活秩序、重新焕发城市活力的同时，也重新定义了城市发展。

作为连接历史、面向未来的步道系统，渝中区的步道不仅要有好看的皮囊，还要彰显城市独特的灵魂。

陈勇
YONG CHEN

渝中区住房和城市建设委员会党委书记、主任
Secretary of the Party Committee of the Housing and Urban Construction Committee of Yuzhong District

重庆人，1968年1月生。中央党校研究生。

重庆市渝中区住房和城市建设委员会党委书记、主任。该同志在街道、城管、住建等一线部门工作20多年，坚持问题导向、积极开拓进取，积累了丰富的城市管理、项目建设、社会治理等工作经验。城管局工作期间扎实开展市容环境综合整治三年计划，大力推动城市"智"管，实现了一年大变样、两年上台阶、三年创一流的工作目标，有力提升了渝中城市管理水平。任区住房建设委主任期间，牵头推进"两江四岸"、"重庆长滨"项目方案研究论证、洪崖洞周边交通优化研究等前期项目。统筹推进山城步道建设，积极探索"党建＋物业"，实现老旧小区物业全覆盖，涌现出双钢路和中二路社区等社会治理典型，2020年获得市住房和城乡建设系统先进集体表彰。2011年个人获"重庆市优秀共产党员称号"；2019年区委、区政府授予"新中国成立70周年国庆安保维稳工作三等功"。

更新后的嘉陵西村景色宜人。图虫创意 供图

Q：最近几年来，渝中区十分重视步行系统的改善状态，您是从什么时候开始关注和研究城市步道系统的？

A：早在十多年前参与嘉陵西村改造的时候，我就开始关注步道。嘉陵西村位于上清寺嘉陵江大桥的南桥头，空间非常局促，建筑密度也很大，但是由于这个区域植被非常丰富，另有一些民国时期的老建筑，建筑、植被、街巷，形成一种非常有味道的社区景观。

对这个区域进行提升改造的时候，我们花了很多心思，对街巷空间进行疏浚，对外立面进行升级，营造出一个颇有民国风格的小社区出来，当时给我印象最深刻的是，重庆是山城，具有同样禀赋的社区很多，如何优化这些社区的环境是一直困扰的难题。我们没办法通过大拆大建来改变整体环境，也没办法营造出更多像社区公园这样的公共空间，基于这样的现实，步道可能是我们相对理想的选择，它既具有交通的功能，营造一些小的驻足点，也可以为大家提供好的休闲空间。

近年来，重庆市政府自上而下地提出"山城步道"的概念，很多落在渝中区的项目，都是我们关注很久的步道。基于山城步道的整体规划，我们也把渝中区的很多步道纳入其中，争取尽早建设贯通。

戴家巷崖壁步道，图虫创意 供图

Q：在"山城步道"提出之前，渝中区曾经尝试过哪些步道系统的梳理和建设？

A：渝中区对于步道的梳理由来已久，早在 2003 年的渝中半岛城市形象设计项目中，渝中区就提出了山城步道的概念。当时计划的第一条步道是打枪坝水厂至石板坡古城墙遗址段，区政府要求石板坡步道将充分体现出山城特色，做足景观；对现有的道路进行修整，做好梯道两边的景观，挖掘其独特的文化内涵，现在很火的山城巷，就是其中的一段。

当时对于山城步道，还拟定了 5 条操作原则：按照步行中心线坐标给道路定位；步行道宽度不小于 3 米；过街点应有明确过街方式；必须设置照明设施；梯道必须采用石材。这可能是山城步道体系化建设的雏形。

2009 年，渝中区委托重庆市规划设计研究院设计，于 2011 年再次完成了《渝中半岛步行系统规划及示范段设计》项目，为渝中半岛规划了"5 横 12 纵 1 环"山城步道，其中，名气最大的是已经全线贯通的首条山城第三步道，这个步道最大的亮点就是串起了散落在各处的历史和文物建筑。

Q：如今的山城第三步道部分路段名气很大，它主要串连起了哪些文化景观？

A：广受游客青睐的渝中区第三步道，串联了厚庐、抗建堂、菩提金刚塔、打枪坝水厂塔、仁爱堂、石库门、山城巷等人文历史景点，长度只有 3.9 公里，最高点与最低点差距近 80 米，相当于二十多层楼房的高度。

可以说，第三步道经过的区域，最能体现重庆当地的特色文化和地理特征。沿着山城第三步道的青石台阶拾级而上，就能看到许多历史文化遗址。第三步道还拥有一条悬空栈道。栈道外侧是悬崖，内侧紧靠两千多年历史的古城墙，凭栏远眺，长江两岸的美景尽收眼底。山城第三步道的这些文化景点，历史底蕴各有不同，都见证了一段时光。建成于 1932 年的打枪坝水厂，是我市第一座大型自来水厂，打枪坝位于通远门城墙最西面，地处重庆城最高处。鱼鳅石与山城巷之间的"法国仁爱堂"，它是 1902 年法国人创建的"仁爱堂医院"，1944 年改名"陪都中医院"，也就是重庆市第一中医院的前身。

Q:除了山城第三步道,这几年渝中区比较火的还有环城墙步道,这个步道在什么背景下诞生的?

A:渝中区是重庆的母城,历经秦国张仪、三国李严、南宋彭大雅、明朝戴鼎四次筑城,现存的渝中区老城门(墙),主要为明代洪武初年筑造而成,这是渝中区重要的文化遗产,也是代表母城历史底蕴的最好例证。

目前,重庆古城墙遗址现存明代城门 4 座,包括开门 3 座(太平门、通远门、东水门)、闭门 1 座(人和门),均保存较好;现存宋代至清代城墙 55 段约 4360 米,其中保存较好的约 1500 米,保存一般的约 1400 米,保存较差的约 460 米,保存情况不明的约 1000 米,以明代城墙为主;现存清代炮台 1 座。其中,通远门和东水门,是保存较为完好的古城门。2005 年,渝中区在通远门建立了城墙遗址公园,公园里有几处雕塑,讲述了筑城、守城、攻城的历史故事。而依托着通远门遗址,位于鼓楼巷通往金汤门一段 100 多米的城墙也保护得较为完好。

面对这样一个不再完整的城墙体系,恢复建设显然是在做"假古董",摆在我们面前最好的选择,可能就是做一个步道体系,连接起这个城墙的信息。我们在此基础上,做了几次专家论证和现场调研后,发现重庆古城墙的主要信息和点位都还可以串联,于是就进一步提出了"环城墙步道"的计划。

Q:环城墙步道系统通过"形断意连"的方式,串联起城市的文化遗产,这个理念有怎样的现实意义?

A:从 2013 年开始,我们渝中区就开展了关于古城墙抢救性发掘与保护工作,分阶段、分类型多元化保护与利用古城墙。对于留存至今的通远门、东水门、太平门、人和门遗址,以及地面以上城墙段,实施严格保护,划定核心保护范围与建设控制地带,为未来建设城墙遗址公园或城墙博物馆做基础准备。

2017 年,我们区决议对于古城墙遗存进行活化利用,同时提出了建设"环城墙步道"的建议,具体落在我们建交委手上。我们在和专家沟通过程中,专家们觉得财政给出的 1500 万元资金,根本不能满足建设需求,但是我并不这么认为,城墙周边早已经修建了很多高楼大厦,现在不可能为了保留城墙记忆,而毁掉这些城市发展的痕迹。于是我提议用散文"形散神不散"的方式保留城墙记忆,用已经形成的步道来串联城墙的遗存,这就形成"形断意连"的设计概念。

朝天门

西水门

千厮门

洪崖门

临江门

翠微门

东水门

太安门

太平门

人和门

储奇门

金紫门

重庆市文化遗产研究院 供图

具体实施过程中,对于已损毁的诸如临江门、洪崖门、朝天门、千厮门、储奇门、南纪门等城门,尽可能在原位置或者附近,采用导视标记、构筑物等形式,展示古城门的历史故事。对于目前已无踪迹可循的城门,如定远门、西水门、翠微门、金紫门、凤凰门等,采用导视标记的形式,在原位置周边进行标注;对地面以下城墙段,建议尽量维持现状,对发掘之后的城墙应予以抢救性保护。

与此同时,我们沿着九开八闭整个老城墙的线路,设计了地面标识系统,对整个城市、城墙进行串联,无论你从哪个城门开始,都可以有序地走向下一个城门,或者上一个城门,无论是开门还是闭门,每个城门处我们都立了一块大的城门石,对这个城门的历史掌故进行描述,并配有古代重庆的舆图,让大家加深对古城墙的理解,这就是所谓的"形断意连"的实践方式。

除了这些工程性和导视性的项目,我们专门还配套建设了一个"发现重庆古城墙"的公众号,把很多和古城墙相关的历史信息做了集中展示,同时,对古城墙周边的文化景观也进行了梳理,并配套介绍了吃喝玩乐等信息,让大家在感受"环城墙步道"的同时,可以享受到更多的母城故事和基础服务。

(左)现在的通远门。图虫创意 供图
(右)百年前的通远门。弗瑞兹·魏司 摄

老的石板坡和山城巷就是典型环城墙步道。贺兴友 摄

Q：当初为什么会在"环城墙步道"上花如此多的精力？如今"环城墙步道"建设进展如何？

A："环城墙步道"的价值完全取决于重庆古城墙本身的价值。可以说，古城墙是重庆城市发展演变沿革的直接见证，重庆古城在古巴子国的基础上，历经战国、蜀汉、南宋、明初四次大规模修筑，逐步形成了"九开八闭"十七门的城市格局，堪称记录重庆历史演变的"活化石"，是研究重庆城市空间布局变化，也是重庆城市从蹒跚学步、筚路蓝缕到跨越发展的历经沧桑的生命印记。

重庆古城墙还与一系列重大历史事件和重要历史人物密切相关，与古城墙直接相关的重要历史人物主要有：张仪、李严、彭大雅、余玠、明玉珍、戴鼎、王乾章、张献忠、陈邦器、李国英及杨森、潘文华等，均在重庆古城墙留下了浓厚的一笔。

近几十年来的城市快速发展，我们的古城墙已经越来越少。作为重庆人心中的乡愁，古城墙承载着历史的情感、记忆和辉煌，也见证着城市的过去与未来，具有不可替代的情感价值。因此，我们在"环城墙步道"上花了很多精力。目前，由于朝天门、下半城一些大型项目还没有结束，相应的环城墙步道还待进一步完善，而临江门—通远门—南纪门都已经连贯，人和门也已经形成了小的市政公园，其余城墙段也将陆续完成。

Q：当渝中的步道系统建设完成后，这里将呈现什么样的状态？对母城文化的传播，有着怎样的作用？

A：重庆是世界山水第一城。山水之城的风貌，在母城渝中区体现得更为明显。渝中区的步行系统建设完成之后，将成为一个更好的载体，以彰显城市的独特魅力。让大家在走街串巷、爬坡上坎的时候，感受"真山城、最重庆"的活力，慢慢咀嚼这个城市的味道。

同时，渝中区是重庆历史文化名城的重要支撑，具有重要的展示利用及旅游开发价值。步道系统既要结合周边的山水自然、地理特性等特色资源，也要考虑到历史文化景观、传统风貌街区等进行统一打造，为重庆地区的文化、旅游、现代服务业发展等提供契机。

作为连接历史、面向未来的步道系统，渝中区的步道还需要做得更加有个性。不仅要有好看的皮囊，还要彰显城市独特的灵魂。渝中区的空间特点存在"大城市、窄马路、小街巷"的表象，如何将这些步道建成符合"本地人很时尚，外地人很重庆"的去处选择，这是需要下功夫的。除了硬件的步行设施建设，还要关注城市的烟火气，毕竟渝中魅力在小巷，通俗地讲，我以为渝中步道建设的最佳状态是：让渝中区成为背包族一类旅行者的天堂、原住民和本市居民慢生活的胜地。

七星岗街道党工委书记

President of qixinggang Street
Party Working Committee

YILUN ZHAO

赵意伦

社区改造既要有物理层面的建设，也要有文化层面的布局，我们希望塑造出『形韵兼备』的七星岗。

毕业于重庆师范大学、西南政法大学，经济学硕士，现任七星岗街道党工委书记，致力于推动老旧小区人文化改造，牵头实施了领事巷—鼓楼巷—打枪坝等片区改造。

七星岗辖区内的枇杷山红星亭曾是渝中区一处著名的观景高点。 黄祖伟 摄

Q：七星岗街道自从鼓楼巷沿线开始进行社区改造之后，成为了新的街巷步道景观，请问您是如何看待七星岗区域的文化属性的？

A：古代的七星缸（后演变为七星岗），就是一个极小的地名。而今天的七星岗成为一个街道之后，所辖区域甚大，其西边可到观音岩、枇杷山，其南边到山城巷、神仙洞，其东边到天官府、领事巷、和平路一带，其北边到莲花池、一号桥、华一坡一带。如此甚广的一个区域，在古代、近代、现代的重庆城里面，七星岗到底扮演着什么样的角色呢？这是我们在进行七星岗街道社区提升项目开展之前，所需要认真思考的。

在改造工作开展之前，我们从环境、人和活动三类出发，系统梳理七星岗街道要素谱系。七星岗街道辖区内为典型的山地地形，相对高差达 135 米。七星岗在古代处于重

40年代的中山一路（大·哈里森·福尔曼 摄）与现在的中山一路，在路的形态上几乎没有发生变化。

庆城"坎"卦位置，同时是重庆母城内外的交际处，天然的上风上水的地理环境成就了其作为古代重要的陆路通道，也造就了七星岗立体多维的景观。

在梳理七星岗各发展阶段时，我们发现，古城墙和中山一路成为串联七星岗空间发展的重要脉络。城墙是重庆古城遗迹的重要组成，而中山一路的横向拓展则见证了重庆的新市区建设历程。对社区空间文化场景单元进行适度价值计量，结合七星岗历史发展脉络，串联价值量较高的空间文化场景单元，得到社区空间文化大体结构。

由于七星岗今天街道范围的广大，涵盖了不同历史时期的重要元素，如果以单一的文化现象、单一的文化表现来概括七星岗的人文历史，那么是难以成立的。我们尝试着从文物点、历史建筑、古地名、历史故事、人文精神等来解构这个区域的文化遗存，希冀于此，丰富对这个区域的理解，并指导我们后期的社区规划和文化建设工作。

Q：在具体的工作中，你们是如何对这个区域进行细致分析的？

A：在我看来，七星岗区位优越。它不仅承担着母城文化复兴的重任，在提供高品质社区生活的同时，更需焕发更多的经济活力。因此，其空间文化结构不仅要服务社区居民，还为渝中全域旅游服务。从某种意义上来说，组成社区空间文化结构的这些街巷不仅是社区文化和社区活力的展示路段，更是未来重要的经济发展轴。

基于此，结合空间现状，我们规划提出了"2脉4片N线"的空间文化结构。所谓"2脉"是指作为文化主线的中山一路和古城墙一脉。中山一路是七星岗内横贯东西的主干道，步行空间充足，在规划中将沿中山一路植入小型景观设施，通过历史照片和语音讲解装置展示中山一路的历史景观，并自东向西展示其逐步现代化的过程，凸显时间发展脉络。古城墙脉络由于城墙遗址仅留存局部遗迹，因此主要通过地面路线标识及文化展示牌进行展示。"4片"则是根据七星岗街道的历史发展脉络和文化气质进行的主题区划分，包括古城文化区、开埠文化区、近现代文化区和山城生活区。"N线"主要包括2条主要步行环线，6条次级步行线路和N条邻里走廊，在主体骨架基础上构建一个开放的步行系统。

Q：社区的改造几乎就是"螺蛳壳里做道场"，七星岗街道在进行社区改造时，主要有哪些细节设计？

A：我们以历史文化的概念来感知七星岗，这里最重要的文化遗存是古代的通远门以及以通远门为首的城墙防御体系，它曾经是这个城市安全的保障，通远门，定远门，金汤门，皆在此区域范围之内，于是我们利用打枪坝区域的一个广场空间，布置了"打枪坝的风云"的装置艺术，介绍古代重庆城防体系。

其次，这个区域到了开埠时期，领事巷的建立，众多领事馆都在这个区，西洋之风悄然而至。于是我们利用领事巷的空白处，布置了"领事巷的风月"的装置艺术，让大家体会外来洋人进入重庆后的城市感知。

90年代的七星岗兴隆街。贺兴友 摄

七星岗街道区域,抗战期间留下比较出名的遗存,那就是中苏文协交流中心,抗建堂、中央印制厂等。抗战之后,这里有科技情报所,以及后来街道的挑花刺绣厂等,诸多因素构成了七星岗历史人文的多元性。在未来的改造中,我们非常注意对于历史文化的保护和传承,并利用此次改造,把七星岗的故事讲透,也把老重庆的掌故植入其中,期望做出一个"在七星岗,读懂老重庆"的画卷出来。

Q:社区改造是特别需要花心思的项目,七星岗街道在改造过程中是否有一些意外的发现,促进设计之初方案的优化?

A:七星岗街道的社区改造,真是一个颇有意思的项目,有很多出乎我们意料的收获。虽然我们在设计之初,经过了多次现场调研,以确保我们方案的执行性,但是没想到在方案正式执行中,又有了很多意外的收获。一是在领事巷,我们发现了很多社区空间可以打破围墙的阻隔,形成更大的公共空间;二是在领事巷9号背后,我们发现了一幕巨大的黄桷树墙,虽然部分根茎已经被之前的围墙包裹,但是剥离这些围挡之后,黄桷树根依然展示了其独特的生命力。更有意思的是施工过程中,我们发现了一些古井和石刻,其中不乏清代的文化遗产,对于这些意外的发现,我们绝不能错过,通过修改方案,呈现出社区更浓郁的文化氛围。

Q:七星岗街道在全部改造完成之后,您希望整个街区呈现什么样的状态?

A:社区改造既要有物理层面的建设,也要有文化层面的布局,我们希望塑造出"形韵兼备"的七星岗。

所谓"有形"的人文七星岗,就是在城市形象和产业形态上内外兼修、刚柔并行。城市形象更加彰显"母城老底片"的人文风貌,大力加强辖区文物遗址、传统建筑等保护、挖掘、利用,大力推进老旧小区人文改造项目,让城市记忆留在七星岗的老街老巷老院落。产业形态更加注重"人文+"的业态更新,抓住城市更新的重大机遇,在大山城巷片区的"领事巷到鼓楼巷和印制一厂后街片区"等重点区域,着力引导和布局一批文创、文旅产业,让七星岗辖区丰富的人文资源和良好的空间口岸释放文旅活力。

所谓"有韵"的人文七星岗,就是辖区更有人文街道的静态韵味和动态韵律。在静态韵味上,潜心挖掘深藏的历史人文,巧心雕琢会说话的人文景观,真正让人文神韵和味道随性自然地洒落在辖区街巷、院落亭台。在动态韵律上,支持重庆市话剧团在抗建堂驻场演出经典剧目,推出"好座重庆城·城墙故事会"群众性人文活动品牌,让抗战话剧的深厚底蕴和生动演绎再现昔日活力,让母城文化、人文掌故的评书评话故事在古城墙上讲起来、传出去。

小巷内的文化升级改造。图虫创意 供图

Q：城市更新是当下的热点问题，社区作为城市更新的最小单元，您在主持七星岗街道对下辖社区进行改造的时候，有哪些体会？

A：社区作为我们城市管理的最小单元，其环境的优化是城市更新的基础。我们在对七星岗街道进行改造的时候，首先开了很多次会议，并请了重大、规划设计院等诸多专家给我们制定规划方案，方案更多是理清方向。其次是我们聘请专业的文化团队，对我们各个社区的文化本体进行了梳理，让我们知道"我们有什么"。

在深化设计的阶段，我们看了成渝两地很多优秀的社区改造项目，我们捕捉到一个非常重要的信息，面对城市更新的新问题，很多街道或社区缺乏对自身特色的体验，在最终的呈现上有点千篇一律的趋势，为了避免这一问题，我们继续深挖七星岗的特色，并且提出了我们的核心理念。

在这些理念的背后，反映的是我们对历史文化的尊重，尤其对于在地文化特色的理解和推崇，七星岗有它独特的街巷空间，也有它爬坡上坎的城市肌理，还有诸多植被等特色资源，所以我们所有的设计方案都是基于对于这些元素的活化利用展开。

大家看到的城市更新最后往往落实到空间的设计和呈现上，设计是无边界的，而社区是有自身属性的，我们不能脱离社区的属性来漫无边际地设计，只有讲好社区自己的故事，发现更多社区的特色资源，这样的城市更新，才可能有长久的生命力。

此外，城市更新也不能是纯粹的城市形象更新，而更多是城市内核的更新，所有城市更新的举措要有其实际功能，比如七星岗进行社区提升的时候，我们尝试着去打破社区之间的壁垒，开发一条条新的社区步道来串联社区，为社区的居住人口和前来旅游的人口，提供新的文化路径，激发社区的活力。

大溪沟街道
党工委书记

朱传富

Daxigou Street Secretary of
Party and Work Committee
CHUANFU ZHU

旧社区改造也好，城市更新也罢，必须遵循上级政策和新的城市发展理念，必须秉承『以人为本』的基本原则，坚持以人民为中心的城市发展观。

现任渝中区文旅委党委书记。在担任大溪沟街道党工委书记期间，贯彻上级城市更新的要求，秉持以人为本的理念，梳理城市人文脉络和历史底蕴，采取文化加艺术的手法，活化路、巷、院落和房屋等城市肌理，整体推进双钢路小区、枣子岚垭小区、人和街 192 号等老旧小区环境改造，产生了良好的示范效应。

中华全国文艺界抗敌协会遗址。大溪沟街道党工委 供图

Q：大溪沟街道在社区更新领域工作卓有成效，请问大溪沟在空间和文化属性上，有哪些特点？

A：在自然空间上，大溪沟街道所在的辖区，具有典型的依山傍水的特点，这为我们街道提供了独特的空间肌理，形成多元化的建筑和街巷空间。其次，街道位于渝中区中北部，辖区位置很特殊，是市委、市政府周边和重庆标志性建筑——人民大礼堂所在地。

在历史文化领域，这里革命遗址众多，有中法学校遗址、中华全国文艺界抗敌协会遗址、沈钧儒故居等 10 余处历史遗址。优质教育资源富集，巴蜀中小幼、人和街小学、山城老年大学等 10 所学校集聚在此。因为有这些资源禀赋，赋予了大溪沟街道独特的文化气质，为我们的社区更新工作提供很多元素和思路。

同时，大溪沟街道有渝中区唯一以区域命名的产业园，大溪沟设计创意产业园覆盖了远见中心、蒲田大厦等 23 栋大型商务楼宇，入驻企业总数达到 2800 余家，包括了中冶赛迪、重庆市设计院等龙头企业，这些优质的创意企业，也为我们社区更新工作提供了人才保障。

Q：您在主导社区更新的时候，大溪沟街道的每个社区各提取了一个特点，请举几个社区的例子，说说社区特色和城市更新的关系。

A：作为老城区、建成区，大溪沟区域老旧楼宇众多，城市配套不全、消防隐患突出、服务功能缺乏等难题长期困扰地区发展。近几年来，大溪沟街道城市更新工作有序开展，双钢路、枣子岚垭、张家花园、人和街、胜利路、红球坝等特色老社区建设留住了"母城"记忆，保护了历史文脉，正是由于秉承了文化为魂的理念，才实现了老旧城区的"蝶变"。

双钢路社区历史脉络清晰，建筑年代跨度很大，我们对不同年代建筑设计了差异化的解决方案，上世纪 60 年代的老建筑，我们只对破损的外立面进行了修补，内部管网更新；上世纪 80 年代的建筑，外立面是马赛克花砖，我们就只做了冲刷清洁，走进现在改造一新的双钢路社区，仿佛走进一座近代建筑的生动展览，整个社区我们布置了 11 处社区历史文脉小品，讲述着大半个世纪来的双钢故事。

枣子岚垭片区修建于上世纪八九十年代，是"城市病"最突出的区域，安全隐患严重，社会治安有待提高，道路系统复杂，加上地形高低错落、基础设施欠缺，脏、乱、差问题日益凸显，在枣子岚垭老旧小区改造中，主要从公共空间治理入手，还居民们一个明亮整洁的社区环境，通过新增步道，打通社区和城市的连接关系，使休闲空间能让老百姓使用，引导整个社区交通主要的流线用颜色非常鲜亮、鲜明的色彩串接起来，用安防、标识、照明、巡查等系统筑牢平安大堤。

Q：在您主导的几个社区的改造过程中，哪些项目改造得很有特点？

A：这几年，为了社区改造和城市更新的事情，我们请了很多专业设计团队进行合作，在项目创意上下足了功夫，着力打造宜业宜居宜乐宜游的美好家园。

比如枣子岚垭的空中步道，这条色彩鲜艳的空中步道十分引人注目，步道连接着多

双钢路社区改造后。
大溪沟街道党工委 供图

枣子岚垭空中步道。大溪沟街道党工委 供图

个居民楼，是周边住户往来必经之路。这条步道原本修建于 1993 年，但是年久失修，显得破旧，改造后的空中步道干净清爽，与周围建筑风格浑然一体，步道上是居民楼，步道下还是居民楼，居民出入犹如空中漫步，两旁黄桷树冠盖如伞，行走在步道上，犹如步入画中，目前成了很多网络人士的拍照打卡点。

再比如张家花园 192 号，这个建筑旁边是张家花园步道入口，对面是人和街社区，正处于游客流量较大的区域，周边 6 个居民楼栋刚好围成了一个院落，住着 190 余户人家，特别有老重庆院落的味道，具备打造旅游景点的基础条件，在这个区域的改造中，我们以打造"耕读文化"院落为主线，从软硬环境两方面着手，打造文旅融合示范点。

考虑到这里的住户大都为进城务工人员，院落里文化墙的主题定为耕读文化，由一组组勤学的典故组成，包括牛角挂书、悬梁刺股、凿壁偷光、闻鸡起舞、圆木警枕、磨杵成针等，我们这样做的初衷是希望勤劳质朴、热爱学习等耕读文化内涵能够激励大家，争做新时代文明好市民。

目前我们从整治后的现场可以看到，整个院落焕然一新，随处可见的绿植配上土黄色的墙面以及灰色的地砖，一改老旧社区暗沉的底色，呈现出清爽明快的感觉；墙上一幅幅形象生动的成语故事和随处可见的绿植交相辉映，更是为这个院落增添了几分既时尚又文艺的气息。

Q：人和书院作为社区文化事业的一个新载体，它主要承担哪些功能？

A：人和书院原本是产权属于街道的一处闲置房屋，因年久失修存在漏水等安全隐

大溪沟社区打造的"耕读文化"院落。大溪沟街道党工委 供图

患。在该社区环境综合整治改造过程中，我们计划要把公共文化建设融入到老旧社区整治中，满足居民多层次、多样化的精神文化需求，这样才有了人和书院的构思。之后，街道投入资金 40 余万元对该房屋进行了整体改造，并配备了投影仪、音响、桌椅、图书、茶水间、厕所等基础设施设备。

目前，人和书院拥有图书 4000 余册，图书主要分为两类，一部分是来自区图书馆的借阅书籍，已和图书馆联网，可实现通借通还；另一部分则是由大溪沟街道自筹资金购买的畅销书籍，约占书籍的四分之一。

借助于人和书院的物理空间，我们举办了各种各样的活动，目前人和书院已经成为了市、区文学、书法、文化交流的一个重要窗口。

Q：以大溪沟街道老旧社区改造为例，在城市更新方面，您有哪些经验？

A：老旧社区改造也好，城市更新也罢，必须遵循上级政策和新的城市发展理念，必须秉承"以人为本"的基本原则，坚持以人民为中心的城市发展观。在对辖区 9 个社区进行改造过程中，我们始终把老百姓的需求放在第一位，对于那些高层建筑没有电梯的，我们想尽一切办法装电梯；对于那些停车位缺乏的老旧小区，我们通过空间规划，新增临时停车场；对于那些空巢老人特别显著的小区，我们增设社区食堂，让他们吃住无忧。同时，我们通过增设楼道灯等照明设施，美化公共空间，多个举措共同营造宜居环境，让一些从老旧社区搬走的人重新回来。

在改善人居环境的时候，不忘对历史文化的挖掘保护和传承。我们街道既有很多革命文物，也有抗战期间的文化遗存，还有五六十年代的建筑，这些多元的文化遗产共同构成了我们的乡愁和对这个城市的记忆。老旧社区改造过程中，我们始终秉承着对文化的尊重，挖掘这些文化的内涵，延展这些文化的应用，让居住在这里的人，能够感受到母城文化的魅力。

无论是改造，还是城市更新，都要充分发挥绣花针和工匠的精神，注意细节，这样才能在改造中，既保证功能的完善，也能通过"艺术＋文化"的手法，让很多物理空间变得更加美观。我们在整个社区改造中，就特别注重细节的推敲。同时，针对那些不能拆除的公共装置，如变电箱、电杆等，我们都通过文图装饰的形式进行美化。

Q：抛开城市更新对社区环境提升的功能，这项工作还具有哪些实际意义？

A：城市更新在某种程度上，还能提升社区的功能属性。作为渝中区历史文化资源比较多元的区域，大溪沟地区有着丰富的文化旅游资源。近年来，大溪沟街道在开展城市更新工作时，还不忘推动地区旅游资源的发掘和利用，让大溪沟成为外地游客打卡的又一亮丽风景线。

目前，人民大礼堂年均接待游客超过百万人，成为国内外游客到重庆必游的一个景点。重庆市第一个党组织诞生地"中法学校"陈列馆正式开馆，大礼堂—马鞍山片区传统风貌区建设即将完成，沈钧儒、范长江、邹韬奋等历史名人故居群"良庄"原汁原味地得到了修缮和利用。重庆最美步道"张家花园山城步道"品质不断提升，沿途的中华全国文艺界抗敌协会旧址"械园"，接待了包括鲁迅文学奖获得者傅天琳、著名诗人潘洗尘、蓝蓝等众多访客。

与此同时，城市更新工作和老旧社区改造，还能提升我们基层社会治理的能力。在进行老旧社区改造中，我们充分调动老百姓的积极性，利用公共空间，通过放露天电影等形式，让老百姓参与到社区改造中来，积极组织他们参与"文明家庭"评选，自主选择专业物管公司等，大大提高了老百姓对于社区事业的关注度。同时，社区更新带来的最直接的环境美化功能，让老百姓对自己的社区有了更高的评价，增加了归属感，而这种归属感也反向促进了他们素质的提高，邻里风气的好转。

渝中城投公司董事长

戴柯

President of
Yuzhong District
Urban Investment Company
KE DAI

「山城公园」构想既能提升渝中半岛「绿肺」功能，做好山与城的互补，也能展现重庆理事文化，建造山水人文花园。

1966 年 3 月出生，研究生学历，1984 年 12 月参加工作以来，先后任职于渝中区政府相关部门，自 2016 年 10 月至 2019 年 1 月，担任重庆市渝中城市建设投资有限公司总经理，现任重庆市渝中城市建设投资有限公司董事长、重庆市渝中区政协委员。作为渝中区重点国有企业负责人，先后承担了解放碑地下环道、雷家坡立交、大化步道、虎头岩公园、"两江四岸"治理提升、长和路等市区级重点项目和民生工程项目，所建项目多次荣获"重庆市市政工程金杯奖"。

红岩革命纪念馆。袁林 摄

Q：现在从江北眺望渝中区，在佛图关到虎头岩的山崖线上，我们能若隐若现地看出一条步道，在什么情况下，开始动议修这个步道的？

A：这是从 2018 年开始的，当时市里面开始有了一个关于"山城步道"的专项规划，其中就包括了这条步道。但早在 2014 年的时候，我们就请中国城市规划设计研究院西部分院做了一个大方案，主要针对渝中区的整个西部片区，以虎头岩公园为重点，通过路网系统来形成一个公园群，这个规划采取分步实施的方式推进，山脊观光道的建设就是率先启动并作为示范。

Q：虎头岩片区有着怎样的资源禀赋？

A：可以说，该片区是渝中城市西部区域重要的"绿肺"和仅存的山脊绿地，拥有绵延的山脊线，汇聚丰富的山景、江景和自然生态景观，延展后毗邻李子坝抗战遗址公园、佛图关公园和鹅岭公园，红岩村、红岩革命纪念馆、关岳庙、摩崖石刻等人文资源较多，可谓文化遗迹丰富、人文情感深厚、年代印记明显。

整个区域的资源还是比较丰富和集中，活化利用好这些自然和人文资源，是"山脊观光道"和虎头岩公园建设的初衷。最先的考虑是以虎头岩公园为核心，然后把整个片区现有的几个公园整合串联，包括李子坝抗战公园、佛图关公园、鹅岭公园、红岩村公园、化龙公园，形成一个"山城公园"的概念。

虎头岩公园内的"山脊观光道"。图虫创意 供图

　　在整个"山城公园"设计当中，着重反映公园范围内的历史、人文、自热景观等精神文化积淀，重点突出重庆自然之城、生态之城的城市特点，提升渝中半岛"绿肺"功能，做好山与城的互补，展示重庆历史文化，致力于建造山水化人文花园和休闲之地。

Q："山城公园"这个构思听起来不错，还有哪些需要完善的地方？

　　A：我们不仅要充分利用这个片区的自然和人文资源，还要把这个区域独有的"山脊线"资源尽可能放大，虎头岩公园片区和化龙桥片区有110—170米的天然高差，从整个山脊线可以俯视化龙桥，远观江北，近览嘉滨沿岸风景。

　　意识到这一点之后，我们的设计思路就更为清晰，在串联这些资源的时候，通过精心设计若干条"山脊观光道"，来衔接打通所有环节，实现快捷到达文化景观的同时，发挥其承载的步道路径功能，成就又一道风景线，而山脊观光道正是作为山城步道的连接点和山城公园子项目予以实施。

Q：目前，山脊观光道的建设进展情况如何？

　　A：现在的山脊观光道已对外开通了一部分，具体的路线自协信云栖谷开始，延伸至大坪石油路口，整个建设长度约2公里，分布于虎头岩公园山脊线上，实现了我们之前所提到的几个区域的串联，经观光道可便捷到达红岩、渝中总部城、报警台、虎头岩等区

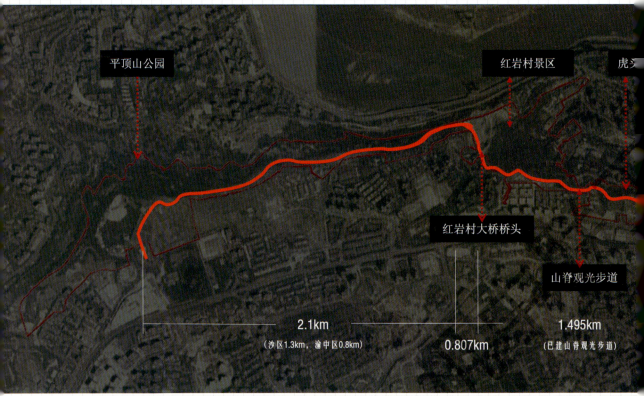

平顶山公园　　　　　　　　　　红岩村景区　　　　　虎头

红岩村大桥桥头

山脊观光步道

2.1km

（沙区1.3km，渝中区0.8km）

0.807km

1.495km

（已建山脊观光步道）

半山崖线步道线路图。中机中联工程有限公司 景观文旅设计院 供图

域。下一步整个建设还将串联鹅岭公园，并配合半山崖线步道的建设，进行深入延展，串
联起李子坝抗战遗址公园、鹅岭公园、佛图关公园、虎头岩公园、平顶山文化公园等现状
公园、近30个文化资源点。

　　我们的整个步道建成过后，从虎头岩报警台、车管所往东一直要延展至鹅岭公园，
往西从协信阿卡迪亚往沙坪坝方向延展，接沙坪坝平顶山公园，这样从渝中半岛到沙坪
坝可形成一个庞大的山脊观光带，有效提升了渝中西部片区资源的共享和多个公园的
串联，形成了一个整体。

　　整个山脊线连到沙坪坝之后，那里也有很丰富的人文资源。其中，沙坪坝那边的龙
泉观，很像悬空寺，还有平顶山公园等，为了充分发挥观光步道的价值，我们也因地制宜，
打造了一些观景平台，让人停得住、留得下、看到景。

Q：整个大区域的设计上，还注重了哪些方面？

　　A：整个区域的建设，一定是超过步道本身建设要求和功能的，主要有以下三大亮点：
第一，整合了山水景观资源，凸显了山脊线，重视绿色开放空间的建设；第二，整合了历
史文化资源，提升文化品质生活空间；第三，强化了休闲旅游功能，配套建设了部分现代
服务产业，渝中区总部经济聚集区和化龙桥现代商务片区毗邻虎头岩片区，虎头岩片区

天地湖公园　　佛图关公园　　佛图关东南门　　鹅岭公园　　鹅岭二厂

杨闇公

石油路公交站　　五中法院　　鹅岭正街

1.5km(首开段)　　3393米

N

的打造重点凸显旅游休闲的第一功能,同时服务现代的产业发展,在步道区域,我们还规划了虎头岩报警博物馆、半山茶舍等配套景观和服务。

Q:除了山脊观光道,可还有其他类似的观光步道?

A:通过山脊观光步道的建设,我们促进了公园与城市的互联互通,为突出重庆山城和江城的特质,我们还大面积改造了滨水步道。这也是配合两江四岸规划的一个大动作,利用朝天门两江交汇点一个得天独厚资源,串联起两江四岸的步道建设。

具体建设就是以朝天门为中心,沿嘉陵江一直延伸至沙坪坝,我们的滨江步道起于朝天门,沿嘉陵江到大溪沟、嘉陵江大桥,向上到红岩村、化龙桥,另外部分从沙坪坝接入,形成一个整体。沿长江整个区域自朝天门、储奇门一直延伸到九龙滨江。

滨江步道的建设,还伴随着周边环境的综合整治,过去我们整个朝天门区域的长江、嘉陵江沿线,因货运为主的观念,基本上被货运的趸船、货船占据了宝贵的稀缺资源,呈现出较为低端的产业业态,制约了城市空间的释放和产业的转型升级,导致城市管理及环境较为混乱,严重影响了整个城市品质和形象,按照"还岸于民、还江于民"的指导方针,滨江步道建设正是提升城市品质和滨江风貌的需要,符合人民群众日益增加的高品质生活需求,将重点整治沿江环境、转型升级产业业态、完善城市功能配套。具体执行过

半山崖线"玉垒浮云"效果图。中机中联工程有限公司 景观文旅设计院 供图

程中,我们将结合市民诉求,配合亲水步道建设和滨江公园的建设,通过整个沿岸的统一规划、统一设计来打造,整体提升滨江沿线的"颜值"和"气质"。

Q:滨江步道,目前进展如何?

A:现在我们有了全新的规划,建设才陆续开始,目前从储奇门到东水门大桥段已经完善畅通,正在抓紧实施规划的滨江步道建设。

"两江四岸"核心区朝天门片区治理提升项目,按照"顺应自然、尊重历史、传承文化、写意当代"的原则,进一步打通连接洪崖洞—朝天门—东水门(湖广会馆段)2.4公里步行系统,重点恢复朝天门码头景观,打造宋城览胜等重要节点。该项目已于2020年12月开工,现正在实施水下基础工程。

"两江四岸"治理提升黄沙溪段综合改造工程位于长江北岸标段,北至九滨路—龙家湾隧道,南至渝中区环卫三所,西至民新街至交通街至成渝铁路防护带,东至长江水崖线,岸线全长2公里,建设内容主要包括绿地土建、景观节点、垂直绿化、道路铺装、景观等。"两江四岸"治理提升滨江公园和珊瑚公园改造项目位于渝中区长江北岸,西起菜园坝长江大桥,东至储奇门码头,建设总面积约13.8万平方米,建设范围包含珊瑚公园、滨江公园及珊瑚公园段长滨路两侧人行道路的改造提升。目前,两个项目克服周边环境复杂、涉河施工、汛期较长等困难,已局部初具形象。

Q:作为区级城投公司,参与如此多的大型项目,如何确保设计、施工、安全等领域的高水准?山脊步道可有类似的问题?

A:我们公司作为全区最早的四家国企之一,自1995年8月成立以来,一直以项目建设为主营业务,先后承担了百余个市政工程项目的建设,累计完成超过百亿元的投资,

滨江步道项目效果图。中冶赛迪工程技术股份有限公司 城建分公司景观设计院 供图

经过二十余载的经验沉淀、不断成长,我们积累了项目建设的丰富经验。作为在渝中区成长的国企,对区位区情、建设环境、项目背景较为熟悉,多年的摸爬滚打也积累了丰富的管理经验,尤其是在克服建成区、老城区普遍存在的施工作业面局限、技术难度大、安全风险高等不利因素方面拥有较为丰富的工作经验和落地见效的方式方法。

同时公司历来重视专业技术人才的引进,强化专业技术力量支撑,多年的项目建设经验锻造了一支思想素质过硬、专业技术较强、管理水平较高的专业技术队伍,现有高级工程师、工程建造师、造价师、监理工程师等职称的专业技术人员占比较高。

另外,通过借智借力、协作配合等方式充分发挥优秀设计单位和参建单位的关键作用。在设计方面,公司长期与上海市政设计院、华东设计院、林同棪国际、市设计院等一批优秀的设计单位密切合作;在建设方面,吸纳中建八局、重庆建工等一批经验丰富的央企、国企单位参与建设,为项目的高水平设计、高质量建设奠定了坚实的基础。

山脊观光道项目建设期间,因其场地高差较大(约80米)、坡度较陡的特殊地理位置,以及新建一座上跨长和路的景观桥的情况,在具体施工方面还是有一定难度的,对于设计、施工、安全等领域的要求均较高。鉴于这些难点问题,在项目方案设计阶段,我们委托了国内设计水平较高的中国城市规划设计研究院负责,并对后期深化图纸进行了全程指导和把关,最终确定了在不破坏现状地貌的前提下,采用架空栈桥的形式消化场地高差,沿山脊线修建宽4米的休闲建设步道;在施工阶段,我们委派了专业技术扎实、管理经验丰富的专业施工单位和项目经理进行全程管控,严控安全质量关,项目未出现任何安全质量问题。以山脊观光道上跨长和路景观桥为例,因景观桥跨度较大,钢结构箱梁最重达200吨,我们组织了专家多次研究钢箱梁吊装方案,吊装当天,区政府分管领导现场总调度,相关领域专家、各参建单位主要负责人均到现场全程把控吊装工作,确保箱梁安全、有序、成功安装到位。

王江 摄

建筑师的理想
与理想的建筑

THE ARCHITECT'S IDEAL AND
THE IDEAL BUILDINGS

　　重庆因为独特的地理空间,成为一个能给建筑师以遐想的城市。虽然物理空间是有限的,但想象的空间却是无限的。

　　在本章节中,我们邀请了一些建筑师以及建筑行业相关领域的代表人物,通过他们对于个人建筑成长经历与建筑思想的口述,从人的视角入手,去理解建筑师,去理解建筑师的理想与他们理想的建筑。

城市魅力在于它丰富的空间构想力，作为一个『当事者』，我一直走在去发现它的路上。

建筑师

Architect
NIANZU YI

弋念祖

建筑师，清华大学建筑学博士，东京大学访问学者，清华大学建筑设计院有限公司院长助理，建筑所所长，国家一级注册建筑师，日本建筑学会（AIJ）会员。

Q：您能谈谈从事建筑行业的初心吗？

A：跨入建筑学这个门槛，距今已经有 20 年的时间。我所理解的建筑学，借用莎翁一句话就是"一千个读者眼中就会有一千个哈姆雷特"。没有人能准确地描述建筑行业是什么。与其说是"从事"建筑行业，不如说是建筑对我的"洗礼"。

在大学时代，我可能会认为那是思想处于最活跃时期的自己。从中国建筑的"斗拱与檐柱"到古希腊爱奥尼克的"柱头与柱身"、从日本"和平时代的野武士"到西方"解构主义大师"、康定斯基的抽象艺术、索绪尔的结构主义、大卫·哈维的社会地理学等，都在一点点拼贴出我对于建筑的最初认知。现在回顾世纪之初，我记得在学校里讨论最多的就是"什么才是中国式的现代建筑？"。显然它不是北京 90 年代的大屋顶，也不是让人亲切又片面的日本极简抽象风。其实对于那时的我，接受建筑如此宏大的信息量已是非常困难，更别说是思考如此沉重的时代命题。

在这样些许迷茫的状态下，我从导师许懋彦教授那里得到了去日本交换留学的机会。这是我第一次在异国他乡不以游客的眼光来思考城市与建筑。在日期间，我几乎走遍了日本的主要都市，也丈量了东京的每个角落。我看到了战后复兴时的民族文化认同，也看到了经济腾飞时的后现代狂野，还看到了后泡沫经济后的暧昧与内敛。结束游学之后，我把这些对日本建筑的观察，汇成了一篇《新时期日本建筑不可或缺的微波涟漪》的文章。这可以说是一次建筑的"洗礼"。这让我渐渐地意识到，只有结合个人经历、思考与学识，才能洗礼出自己对于建筑的理解。

2009 年我去香港参加双年展，碰巧陪同吴焕加先生去香港颁奖。他给我讲述了他当年旁听了梁思成先生的一堂课而转投建筑的家国情怀。先生的初心为弘扬建筑史学矢志不渝，深深震撼和教导着我们这些后辈。我想我的初心就是愿意一直接受这样的"洗礼"。初心不改，就是在不断的"洗礼"中，寻找属于自己的建筑"机缘"。

Q：您主要的研究方向是什么？

A：我非常愿意将这个话题落到我对重庆的城市观察。

根据相关统计数据，2021 年国庆期间，重庆市仅 A 级景区的到访人数就达到了 1700 多万。在全国范围内算得上标准的"网红城市"。虽然"网红"是个中国名词，但也是一个国际现象。我们看到洪崖洞风貌区、弹子石老街、磁器口古镇、朝天门码头等地区人头攒动的同时，也勾勒出了人们对现代重庆的直观印象。这座城市给初来此地的人们传递了什么样的信息？什么样的信息能代表这样一座山水人文之城？在我看来，这是一连串符号带给人的视觉刺激和快捷式的城市语言带给人的表层体验。这是一个经济全球化与文化地域化从"对立"到"共犯"的转变。我们通过参与全球的资金循环，用连锁式的商业形态，展现着地域的表层物质性。这可以被理解为城市表层与深层的分化，这也是"网红气质"与"山水底蕴"之间的深刻博弈。

从这样的角度再思考城市中的建筑，我们会发现建筑是城市的一个切面。它跨

越城市的所有领域，是城市存在与运作的展现和结果。建筑具有表意性、符号性和社会价值整体取向性。城市的表层与深层，很大程度取决于我们对建筑产生过程的把控与理解。在我参与的一些实际项目中，就深刻地体现了这样的分化。例如，在弹子石CBD核心区的规划中，多种力量的博弈就体现得非常明显。它既承载着从中央商务"配套区"到"核心区"战略转变的规划定位，又夹带着商业地产的深度逻辑，同时还隐含着对重庆风貌文化的继承诉求。这带给建筑师一个更为完整的设计思考。在政府、市场和公众的三方角色里，如何成为一个冷静的协调者、观察者、引导者和塑造者，是我目前研究和实践的方向。

在这里，我把这一研究方向总结为探寻"城市空间的构想力"。不同学科对城市空间有着不同的认识。地理学家的空间观强调绝对空间和相对空间的存在，并提出空间要素，如区位、功能、距离、方向等；建筑学家强调空间的结构关系及结构功能的美学意义；而城市社会学家又认为城市是一个空间物化样态的多系统结构空间关系，这种关系在一定意义上与国家政治结构、文化传统、经济发展水平、宗教形式及自然环境有着必然的联系。我们往往对城市规划系统、对城市空间的构想能力印象深刻。在我国现今的城市里，它的确占据了主导的力量。城市规划作为公权力的代表，是城市社会维持公平的重要基础。但是，它也在一定程度上抹杀了城市的个性，忽略了个人的声音。一条街道的成长，分别从"公"的角度和从"私"的角度来看，肯定会有截然不同的结果。在此，我们不是要否定任何一方，而是需要在"公私"之间寻求一个"中间领域"。这里不仅需要理性系统的规划思考，也需要一种野生的城市记录。从某种角度来看，目前我所关注的点就在于探寻这个"中间领域"，通过建筑设计探讨一种新的城市空间构想力的可能性。

Q：您是什么时候开始深刻体会到城市和建筑的这种关联？

A：作为学生时代思考的延续，这是我工作以后参与负责的第一个大型设计项目的经历。重庆国际都会项目（现名为"重庆新光天地"）是一个位于重庆新牌坊区域，集合了办公、酒店、商业、公寓、住宅的城市大型综合开发项目。它从 2010 年开始，一直持续到 2015 年竣工落成（一期竣工）。这个项目对于我来说有几个特殊的意义。

首先，它是一个真正意义上的复杂系统工程，从多个维度揭示了城市与建筑的内在关联。这也让我第一次感受到建筑设计并非是个人自由发挥的领域，特别是在这种城市量级的项目里，建筑师要关切到经济社会的方方面面。眼前这块空白的土地，其实早已悄然融入城市体系。在行政方面，我们需要回应规划、消防、园林、防空、国安等多部门的联合管理；在市场方面，我们需要理解新光三越、兰桂坊、万豪等国际资本方的商业逻辑；在社会方面，更是需要考虑红锦大道的城市界面、公共广场的人群使用、步行体系的分时管理等诸多问题。例如，仅一项地下空间设计，就牵涉到了广域交通疏导、周边交通控制、车行开口流量测算、轨道交通接驳、地下交通转换规划、地下停车分级管理等一系列课题。重庆国际都会项目可以说是揭示了现代都市运转的内部构造，一个成功的建筑设计需要融入到城市体系之中，也只有融入才能创造城市空间的无限可能。其实在设计之外，我们还没有看到设计背后的项目管理与资本运作，以及其附带的对周边区域的综合影响。从更加综合的角度来看，这种大规模的城市开发与其说是一个复杂系统的规划设计，不如说是某种城市生长逻辑的演绎。这也是经济高速增长时期，城市与建筑关联的典型表现。

其次，它还是一个真正意义上的国际合作事件。重庆国际都会是我们与日本第一大设计集团日建设计合作的项目。从概念设计之初，我被派往东京工作了大概一年时间，

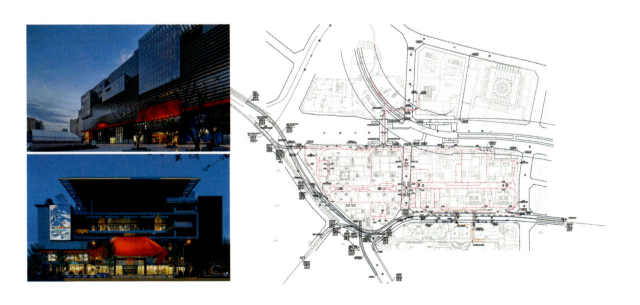

这也为我提供了一个更为广阔的视野去审视这一设计过程。从"打造重庆的'六本木'和'Mid-Town'"的口号中，我似乎可以从这两个耳熟能详的东京商业地标中，看到一些内在的信息。日本学者野田由美子写了一本名为《都市输出—都市解决方案开启的未来》的书，努力宣扬着日本都市营造模式。这种被称之为"都市力"的模式，其实就是在全球资本流动中，资本对城市的控制与改造。市场的力量正在高速发展的时代背景下，迅速地改变我们的行为、我们的生活和我们的城市。当在参观东京丸之内、押上、虎之门等地区时，我总会隐约找到在国内某处的原型。这不是城市表层的抄袭，而是显示了城市背后的某种关联和共同逻辑。建筑师在此时作为最深谙此道的执行人，正通过对市场逻辑的精准理解，利用这隐性的市场之手，实践着城市空间的构想力。这种现象其实在全国各地，特别是城市新区、郊区表现得特别明显，几乎成为城市现代化的代表。因此，在城市与建筑的关系理解中，我首先体会到的应该就是市场所具有的巨大力量吧。

现在回想起来，应该用"空间的狂热"来形容这一现象。在这一波迅猛的城市建设浪潮中，我想这个词是非常"贴切"的。不过，我始终觉得这还不足以表达对"城市空间的构想力"的理解。

Q：您认为建筑师需要用怎样的方式重新与城市关联？

A： 建筑师需要寻求一种力量完成对城市空间的构想。2015 年以后，一些新的变化也在促使我进一步的思考。在这段时间，东京奥运会主场馆的建设风波引来了业界的讨论。国际大师扎哈·哈迪德的中标方案，在日本社会各界的强烈质疑声中被"白纸撤回"（废弃）。个中缘由可谓众说纷纭。比如有人提到，方案中跨度 400 米的主梁，甚至需要拓宽神宫外苑的道路才能顺利运抵现场。针对这个话题，我撰写了一篇《城市身份的迷走方向——2020 东京奥运会主场馆建设中的城市大事件反思》的文章。什么力量能够主导建筑在城市中的宏大叙事？建筑师如何在各种力量的此消彼长中寻求自己的实践之路？

2016 年，借由与日本建筑大师石上纯也的合作机会，我开始试图以更全面的眼光思考这个问题。与石上合作的是在山东的两个小型项目（社区教堂与幼儿园）。石上以"极致"的个人风格闻名，我们经常会因为 5 毫米的偏差做大量的研讨。他和日建设计一道，形成了日本建筑界的两个极端状态，一个是向外走向世界的"组织派"，一个是对内走向内心的"アトリエ派"（个人事务所）。在城市的宏大叙事与微小记录之间，我们能够看到建筑与城市关联中，"统合"与"孤立"的矛盾体。这种矛盾其实是上述的全球化背景下，"表层"与"深层"的分裂，正因为它们彼此之间所代表力量的差异（市场与个人），才彰显了两种对城市截然不同的态度。在全球建筑师与地域建筑师的二重构造中，需要寻求"整合"的力量，终结这种分裂的状态。这种整合，首先是以更为开放的眼界审视影响城市空间的各种力量，这里不仅是市场、政府等某个单一的影响因子；其次是以更为包容的态度协调城市空间的力量平衡。这可能会对建筑师创作的出发点、关切点和具体的设计思想和手法产生一定的改变，这已超越了我个人的认知范畴。在从集约的意匠权力向合作

能力的转变过程中，与其关注建筑师"整合"方式的转变，不如关注建筑师自身定位的转变。对自我身份的认知，可能会从新的视角看待外部世界的复杂关系。

　　在这期间，我先后参与了重庆市青少年活动中心与广阳岛生态干部学院的设计竞赛。两个项目从直观上来看就具备极强的地域属性，仅从近乎夸张的地貌高差（60—80米），都能让我们感受到强烈的外部约束感。抛开具体的设计手法和功能形象表达，我其实最在意的是建筑师参与其中的身份再调整。在这里，我初步探讨了对于"作家型"建筑师身份的反思。建筑如果像写书一样，形成单方面的输出和选择性的接收，是很难与城市形成互动的。这种面对城市的强势姿态，需要通过建筑师的身份调整来化解。在广阳岛生态干部学院的设计中，建筑师成为了理性的旁观者和中立的倾听者。基地上的生态元素、村落社会状态都成为了主动的设计主角。在整个设计过程中，原有的道路体系、人工开发迹地、自然生态肌理都成为了我们组织学校空间关系、交通关系和生态关系的原点。整个设计过程以"低影响开发"原则，在基地各种力量的交织下，通过建筑师的穿针引线，重新获得整合，实现新的城市空间的构想。

　　这次初步的探索，我想用"空间的暧昧"来形容。这是介于主观和客观的模糊领域。不过，如何将这种"暧昧"转变为"城市空间的构想力"，在后续的礼嘉智慧公园创新中心与重庆科学城金融街片区的规划设计中，仍然是个课题。

Q：您能分享一下目前对"城市空间的构想力"的展望吗？

A：2019 年，在许懋彦教授的引荐下，我作为访问学者来到东京大学的先端技术研究中心。其间，我们联合小泉秀树教授、藤村龙至教授、飨庭伸教授、山崎亮、马场正尊、市川纮司等人，陆续围绕城市更新的话题，在《城市建筑》《时代建筑》杂志发表了系列论述。在人文生态学、城市社会学、地理学、政治经济学等不同观点之间的交锋，也帮助我进一步展望"城市空间的构想力"的内涵。

这里又提到了刚才所说的"中间领域"。城市是一个"适应性开放系统"（complex adaptive system），它就是在自我调节中，解决各种要素互动中的实际问题。建筑需要参与到城市的主动性整合、适应性发展才能实现对城市空间的构想。这里面，我们可以看到最主要的三种力量：市场、政府和公众。市场体系（私）以最大利益与效率为标准，往往会损害居民生活、环境的诸多利益，行政体系（公）以绝对公平为标准，往往会失去应有的应变和活力。我们需要从经济—政治体系外侧，探讨公众体系的加入，形成三元构造的新社会控制体系。由此，建筑设计需要摆脱"公私"的束缚，将自己放入"中间领域"，构建一个以共同为基础的生态圈。

这一表述其实非常契合当下的城市更新话题。我们知道重庆市是全国第二个推出《城市更新管理办法》的城市（2021 年 6 月）。这里我不谈里面具体的细节，不过它是一个相对于城市规划、城市开发的全新概念。我们从权利模式、经济模式、制度模式上，都能看到它在"地域环境"、"地域社会"、"地域经济"上的新诉求。此时的建筑设计，面对的是一个从机制设计、关系设计到空间设计的一个全新的交叉体系，在新的体系下，发挥整合城市力量的"中间领域"作用。而对于建筑师，更加明确了从设计者到组织者、观察者、发掘者、教育者的综合职能的转变。我想只有具备了这样超越建筑设计本身的变革，才能真正实现"城市空间的构想力"吧。

在中国，越来越多的建筑师开始从不同的角度探讨着这样的话题。而在日本，藤村龙至称其为"社会建筑师"。在去年参与的重庆鱼嘴风貌区保护更新规划中，我也试图在这样的体系构建下，探讨新的街区更新与再生之路。通过设计规划，在保护力量之外，是否还能有其他的力量参与解决鱼嘴街区的再生？不过，结果稍有遗憾。面对既有的成熟体系和惯性思维，以及尚未成熟的新方法路径，还是需要在城市更新的大趋势下，共同努力推动新的局面的展开。与此同时，一些新的情况正在积极发生。我暂且把它称作"城市社会实验"。在北京，我以街区为单位，负责参与了北京 CBD 建外片区、通州环球影城片区、丰台草桥大兴机场换乘枢纽片区的责任规划师工作。我把它形容为一次"聚集新的空间力量"的尝试，在全新的构造、逻辑的基础上，创造新的城市空间，挖掘新的建筑力量。

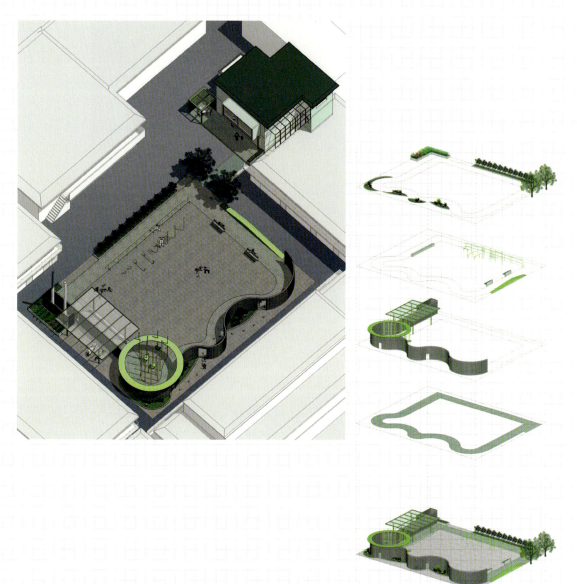

Q：您对现在和未来的工作研究有什么感想吗？

A：就如最开始说的一样，建筑对我的"洗礼"一刻也没有停止过。这种"洗礼"是和自己的所见、所闻、所思有关。"洗礼"不停止，这些也不会停止。就我个人而言，我接触日本建筑界相对较多，也前后有四次相对特殊的对比思考经历。不管是从研究上，还是实践上，都促成了具有个人喜好的关注领域。包括上述提及的诸多我参与的重庆建筑规划项目，其实也是在另一方面推进着我的工作和研究。从单纯的学习到批判性的思考，其实是没有预先设定的前提，或功利的目标的。城市与建筑是一个极其宏大的话题，而对于我个人，城市更新、重庆、日本等这些关键词，应该就是属于自我的自然状态。我现在与未来的工作研究，也会继续顺着这样的个人轨迹，走出一条微小的路径来。

无论是城市实践，城
市隐喻，还是城市意
志和城市主义，都是
一种回顾和回望。

建筑师

王亥

Architect
HAI WANG

1982 年毕业于四川美术学院。曾获全国美展二等奖、香港当年艺术双年展奖、美国政府
新闻处国际访问者计划奖。主持设计、策划崇德里民居、成都三联书店、重庆法国水师兵
营、重庆鲁祖庙、浙江莫干山、西安安居巷 3 号等多个城市品牌项目。现任成都市历史建
筑与历史街区保护专家委员会委员。

Q：您在重庆读的大学，现在又在重庆参与项目，说说您对重庆建筑、城市的印象？

A：1978 年，我在四川美院读书，当时每到周六的时候，都要去挤公交车，从黄桷坪到杨家坪，再到解放碑。在那里吃顿饭，看个电影，然后去旁边的新华书店，看看最近有没有什么新书，再慢慢回学校，这样的生活我过了四五年，当时就觉得解放碑好高。

后来，我做南岸法国水师兵营的项目时，再去看解放碑时，发现现在的解放碑好小，周边的高层建筑实在太多了，重庆现在建得跟上海香港差不多，我上学那会儿的城市空间感觉再也找不到了，如今的重庆，是个大尺度的城市。

在这个国际化的时代，信息传播越来越扁平化，城市作为我们的生活载体，其实应该提供多一点差异性的文化设施和服务，这样才能便于生活在这里的年轻人，找到自己的文化身份，而这种文化身份，往往是来自于历史、文化、习俗。

Q：您是什么时候开始与建筑结缘的？怎么走上设计师之路的？

A：20 多年前，我和何多苓、张晓刚、刘家琨一起，在郫县买了一块地。当时刘家琨为何多苓设计建造的工作室就在那里，给我的设计方案也早已完成，模型都做好了，一直拖着没修，后来我就想既然是自宅，还是干脆自己做吧，好像我们每个人都有一个建筑梦，这可能就是我的建筑启蒙。

因为我当时主要时间在香港，那里有很多现代建筑，也有很多建筑书籍，我就开始了漫长的建筑游学道路，走到世界上的任何一个地方，我都要去看看当地的建筑，我认为建筑师不应该是学出来，而是看出来的，因为只有你去感受建筑的时候，你才能建立真正的空间感，世界上很多出名的建筑师，都没有学过建筑学，比如安藤忠雄。再次回到成都之后，崇德里就是我的第一个建筑实践项目，从项目中再次提炼了我自己的建筑认知。

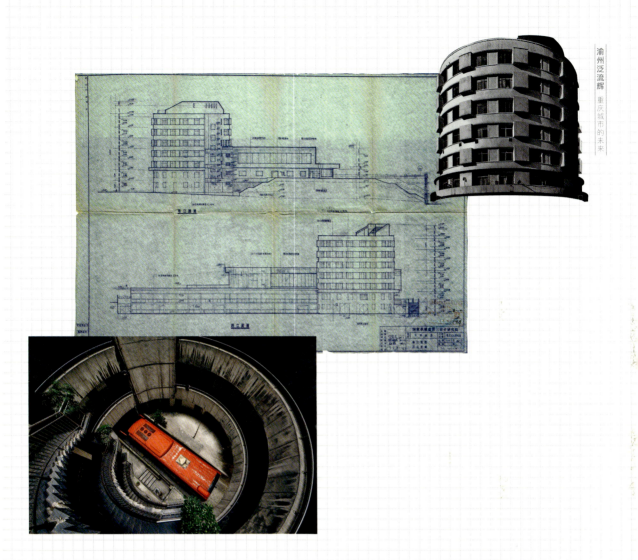

Q：您做的项目，有着明显强调新旧结合的特点，为什么说自己喜欢脏脏的城市呢？

A：我是处女座，其实我挺喜欢干净和整洁的，但是如果太干净、太整洁的话，就没有生活的痕迹，痕迹感很重要。如果你去没有一个人的地方居住，好像走进了坟墓一样，因为它是死亡的，如果留下了生活痕迹，就是个生命体。其实一座建筑，一个城市，它就是生命体。有一点脏挺好的，我不喜欢一个城市太干净，我喜欢一个城市干净的一面和脏的一面结合在一起，但也不能太脏了，干净和脏不是现实的概念，也不是日常的概念，它是形而上的概念。

我对重庆的红旗河沟车站区域，就是这样的印象，来往的车辆有序，且川流不息，墙上的老广告，用水都擦拭不去，出门有着各种吆喝声，十足的市井气息，虽然周围的建筑已经略显破旧、落后，但是它留存了重庆很多人的共同记忆。我觉得一个合理的城市是新旧之间，是过去和未来的结合体，未来的设计，我希望尽量把它保留下来，让新旧结合在一起，重新发挥它的功能。

Q：谈谈法国水师兵营吧，毕竟这是您在重庆的第一个项目。

A：法国水师兵营，对整个重庆长嘉汇、弹子石板块人文和商业价值的意义几何，我不太清楚，但是，当时我参与这个项目，就是想希望通过这个不到两千平方米的空间，影响这座"中国人口最多的城市"。

法国水师兵营作为国家级重点文物保护单位，几乎没有改造的余地。在我最初的设计方案里，原本计划在建筑外搭建狭长的玻璃回廊，但因不能改变建筑外观而被迫放弃。

墙也不能动，地也不能动，几乎啥子都不能动，面对这样的条件，我不得不调整自己的设计思路，这次的设计把减法做到了极致，因为我觉得建筑本身就很好，也不觉得有啥子局限。其实设计不在于你自我表达了多少，而在于让空间本身表达了多少，可以说，我对法国水师兵营最大的设计原则，就是"去设计"，用最好的建筑、最好的物品、最好的书"笼络"一群最好的人，建立一座城市文化创意的制高点。

当法国水师兵营变身高宅后，实现了不同功能性转变，三栋老建筑主楼、副楼以及耳楼分别被赋予"设计阅读""设计生活""设计活动"三大主题。现在法国水师兵营的主楼，变成了一家艺术与设计类图书集合店，室内全是艺术书架、书桌，书架上摆满了品类丰富的外文图书。新与旧在此交融，艺术与设计在这里碰撞，法国水师兵营在历史与时代的互动中获得了重生。

Q：未来您在重庆，还会参与哪些项目？

A：几年前，我就在重庆参与鲁祖庙项目的旧城改造工作，这个片区的建筑体量很大，与解放碑的位置也很近，但是这个项目建设过程非常周折，最终的呈现效果还没有完全定型。

前面说到的红旗河沟车站改造工作，我们也得到了邀请，还去现场做过调研，这个项目会特别有意思，我们对前期的策划、运营、改造和政府沟通了很多次，现在就等车站搬走再正式介入。

现在很火的山城巷项目中，我们要参与两个历史建筑的改造设计，一是仁爱堂，二是体心堂，这两个建筑以后都会被改造成民宿酒店。

Q:成渝两地现在互动很多,成都在城市更新方面有哪些特别的项目,值得我们一看?

A:看看我做的崇德里吧,这个项目算是城市更新的典型。这是一个我命中注定要做的项目,我现在在成都的居所,正好能俯瞰崇德里的院落,当我第一次踏足这个地方的时候,深深地被岁月侵蚀得斑驳的墙体所吸引,这一小片空间仿佛是特意为曾经远行的我,留存下的故园,或是城市旧梦。

在主导这个项目设计时,我提出两个概念:一、不动一梁一柱,能保留到什么程度就保留到什么程度;二、一定会给这座城市一个最成都又最国际的崇德里。可以说,崇德里改造设计在建筑形态上尊重了现存街巷和建筑布局,修缮方式和理念上,依照"修旧如旧""改旧如故"的原则,按照老成都传统院落民居的营造格式,进行培修、整治和复原,对内部空间注入现代人的使用形态。

建成后的崇德里,现在已经成为一处地道的成都生活场景聚落,以这种文化叙事的体验,使来客在浮躁都市外分享历史的清净。现在你们去崇德里"谈茶""吃过""驻下",会发现身边的老墙老柱留下了时间的审美,而极具现代性与工业感的欧洲家具则彰显着国际化的姿态。透过那一整面玻璃幕墙,可以看见层叠错落的坡屋顶,被紧紧包裹在老成都低矮的居民楼间,这种场景,想必也是契合重庆未来城市更新,尤其老城区更新的需求。

建筑是从有机环境中生长出来的。

建筑师
JING LAN
Architect

兰京

1990 年毕业于重庆建筑工程学院建筑系。重庆源道建筑创始人,教授级高级建筑师,国家一级注册建筑师,香港皇家注册建筑师。国家一级注册建筑师命题委员,重庆历史文化名城专委会委员。重庆十大科技青年,国家百千万人才,五一奖章获得者,重庆市劳模,重庆九龙坡区人大代表。

Q：您能谈谈为什么选择建筑学？或从事建筑行业的初心吗？

A：选择建筑设计专业，还是跟家庭背景有关。父亲在大巴山宣汉县城的一个建筑公司当设计人员，也是当时县城唯一的一个设计室。那个年代作为一个小县城，设计与施工都是一起做的。我从小便在建筑工地、木工房、钢筋房里转悠玩耍，童年总是有很多美好的回忆。当时县城的建筑公司里所有的工人都是很有手艺的，我最喜欢的就是当时每年一度的技术比拼，每个班组都要安排木匠、瓦匠、泥水工、钢筋工的高手参加比赛，争夺一年一度的先进技术流动红旗。

想一想当年只为争夺一面流动红旗，所有的工人都会用一年的时间苦练技术绝活，特别是小年轻人为了讨美女工人的喜爱，那可是真下了功夫来练绝活。记得当时的木匠比赛，是从下大料到完成一扇带"回"形格子的窗户，从上午八点到下午四点结束，公司里上百工人和更多的家属们都擂鼓助威。我们几十个小屁孩围着比赛现场像打了鸡血一样东奔西跑！那时的工匠还真的叫工人师傅，只有据子、刨子、凿子等，不用钉子和胶水，一扇扇漂亮的窗扇就带着原木的清香，在阳光下晃动着绚丽的光芒。

到了初中和高中，有时也学着父亲的模样深夜趴在图板上，开始慢慢帮他描一些简单的图纸，对沙浆、基础、声学、吸音材料等开始有了初步的认识。在这种环境下，当然也是在父母的要求下，我在1986年考进了重庆建筑工程技术学院建筑系开始了自己的设计问道。

Q：您主要的研究方向是什么？

A：考上大学第一次到了重庆这个传说中的大城市。到菜园坝下了火车后，便看到从菜园坝到两路口那高高的山坡上长满了一栋接一栋带着坡顶的房子，像一本本倒扣翻开的书。我当时就在想，那一本本倒扣的"书"里一定记载着每一个家庭传奇而动人的人生故事。

到了学校报到后，便与几个同学坐2路电车进城去逛解放碑。那时的电车都带着两根长长的辫子，由两节车厢组成，两节车厢中间是由已发黑的折叠帆布相连。2路电车从沙坪坝文化宫大门前的新华书店是起点站，经过小龙坎、高庙村、白马凼、石桥铺、歇台子、石油路、大坪、肖家湾、鹅岭、两路口、枇杷山、七星岗，对了，那时穿过七星岗的城门洞到较场口就表示进城了。不过当时是沿着城墙外经临江门到解放碑的终点站。

说到这里我不得不回忆一下当时的重庆，从起点站沙坪坝过了小龙坎到石桥铺之间，公路两侧还都是田园风光，中间的高庙村因有火葬场而让我们总觉得那片荒草神秘而恐怖。过了石桥铺到歇台子最有印象的就是钟表厂。石桥铺因有电报大楼，每一个来重庆的学子都对这里记忆深刻，到了月底没钱了，便会到这里发电报和排号打长途电话。两路口车站就在山城宽银幕电影院门口，那时高高台阶上粗大柱廊的电影院觉得何等雄伟壮观！到解放碑后，看到最热闹的是三八商场（现在叫重百），那时的三八商场就已经是人头攒动，热闹非凡！站在解决碑前，当时就有想法：如果我自己学会了设计，一定要在城里的解放碑旁边设计一栋我理想的大楼！

无论是菜园坝还是临江门那鳞次栉比、参差压石城的山地居民楼，让我一直觉得建筑就是自己从山岩上自然生长出来的，所以我一直觉得建筑应与它所处的环境共生共融，这一直成了我对建筑的理解和认识。学校老师告诉我流水别墅时更加深了我对建筑与环境融合的理解。在随后这三十多年来的设计探索中，逐步形成了我自己的建筑有机论：建筑应该与自己所处环境共生共融，建筑不是舶来品，只有在自己的地域场境与地域文化中生长出来，才是自己民族文化的传承与发扬。

Q：从业以来您比较满意的作品（重庆的）是什么？

A：从事建筑设计这三十年来，重庆直辖时的"重庆朝天门观景广场"是我用青春热血和对山城的热爱而倾注铸就的：建筑与城市是一个整体，共同形成一艘巨轮，代表直辖后的重庆开始启航发展。而连续不断的大台阶延伸至两江之中，感觉建筑与整个城市都是从江河中自然生长起来的。广场之上与城市中轴的陕西路，两侧的嘉滨路、长滨路共同在一个标高处汇聚成城市开阔的城市广场。在广场上凭栏远眺，两江奔腾而至，如巨轮劈波斩浪！同时环视苍宇：南山、南岸、江北、嘉陵江、长江，再回望身后渝中半岛，整个山、水、城尽收眼底，览不尽山川画卷，阅不完厚重的千年历史名城！当然现在回望已无望，唯留两江泻悲鸣！

如果说朝天门广场是城市岁月秋风中的一丝悲鸣，那我还想讲一个为梦而筑的故事——新重百大楼。刚到重庆读书时第一次到解放碑就希望在解放碑旁边设计一栋自己理想的建筑。重庆直辖以后，开始往创建一个国际大都市方向发展。重庆市中心的解放碑在步行街创建的同时，作为重庆人的重百商场率先开始了提档升级。

重百的地块很小很小，不足3000平方米，但却寸土寸金。从历史中我开始追寻失落的记忆：从清末洋务运动开始，重百旧址就是重庆的繁华商圈，那时这里开了一家"洋

油"店(点灯用的煤油),在当时家用煤油灯,市政用煤气灯的时代,洋油是最抢手的商品,当然也是利润最好的商品。就在历史的浸润中我找到了这家洋油店铺最早的广告语:"请君来打油,送君一盏灯"。这可能是重庆最早的一句广告语吧,但就是这句话一个新重百的方案在我脑海中浮现:

老年妇女(重百的前世):解放前一个除夕前的傍晚,一个沧桑斑白头发的老年妇女在寒风细雨中,在朝天门高高的码头上,瑟瑟发抖地站在匆匆忙忙坐渡船往回赶去过年的熙熙攘攘人群中,呢喃自语地说:"请君来打油,送君一盏灯",但凛冽的寒风早已掩埋了她微弱的叫卖声,她多想卖掉一瓶洋油,哪怕换上一撮小米,也能回家熬上一碗热粥,与家里那期盼了一天的小孩一起过一个温暖的除夕……

中年妇女:解放后的三八商场,总是熙熙攘攘挤满了来自五湖四海到这里买用票也难买到的紧俏商品。那时三八商场都是中年妇女的服务员站在柜台里,柜台外挤满了黑压压穿着灰布、土布、花格布还打着补丁的中年妇女,她们兴奋地攒动,不停地喊着:"服务员,服务员。"终于在我眼前看到一个中年妇女,将攥得紧紧的拳头从柜台前排拥挤的缝隙中将手伸到了柜台前"服务员,我要一斤柳州水果糖!",服务员快速地拍了一下她的拳头,那攥得紧紧而皱皱巴巴的拳头里摊开了一张皱皱巴巴的糖票。服务员一抓准的敏捷动作,如变魔法一样就将一个用牛皮纸包得方方正正的一包水果糖用麻绳系上了一个蝴蝶结,在微笑而大声的应对中将其放在了那只皱皱巴巴的中年妇女手上……

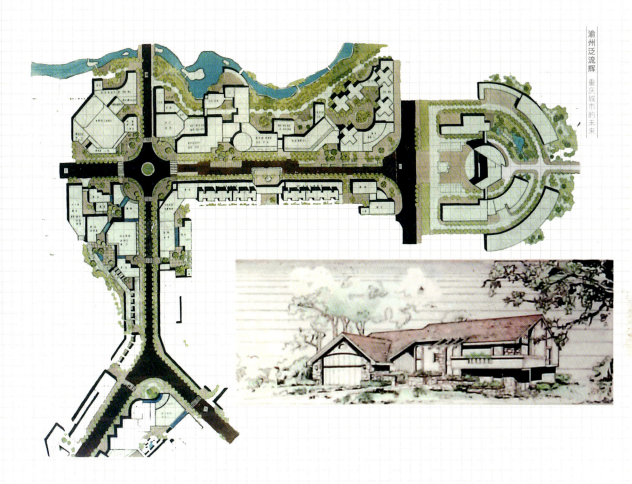

现在重庆直辖了，一个新的重百应该是什么样呢?我多么希望,建好后打开施工围挡时,一个青春妙龄、散发着少女特有胴体的气息向我拥来!我也想拥抱她时,她却幻化如风飞到了解放碑的上空,只留下清脆的笑声飘荡在城市的上空。

这就是我的构思方案,如一个充满青春胴体的少女来演绎前世的重百、老重百(三八商场)到今天的新重百。一个透明玻璃体的少女轻盈带着娇羞地呈现在充满阳光、雄霸而傲立天地的解放碑前!

Q:就个人而言,您认为理想的建筑是怎样的?

A:作为一名本土建筑师,或许是山城特有气质的孕育,我更喜欢能在自己的场所中自然生长起来的建筑。

在多元文化交融的背景下,交流融汇是社会发展的必然。但不加思索的拿来主义必定是破坏自身场所精神的。五十年前我们走到祖国的任何一个地域都有自己的建筑文化特色,如江浙的徽派建筑、云南的一颗印民居、四川民居、福建土楼、羌寨、苗寨等等,地域文化特色非常明显。而现在所有的城市千城一面。

文化不是舶来品,只有在自己的地域场所中生长发展起来的才是国际范的。重庆在

大发展时期有很多重要的建筑是请的外籍大师，但这几十年的实际情况是还没有一栋能超越重庆大礼堂、山城电影院、洪崖洞等在建筑界的影响力。这使重庆把最好的培育本土文化的机会给放弃掉了！因此，民族自信、文化自信在当前提出来非常迫切，也是我们所有建筑师及管理者应该回顾和反思的。

Q：能从建筑角度谈谈您心中未来城市发展的可能性吗？

A：我们赶上了一个好时代，从上古时代至今，是人类文明技艺发展最快的时代。从农耕到工业时代已经成为历史，有些地方正在成为历史，但信息化、数字化时代已经来临。数字化让不可能变成可能，劳动力密集产业逐步被机器人（或机器手臂）所替代，无人驾驶汽车、飞机、轨道交通等改变了视界，比如目前大家运用最广的无人机摄影，很多是为了航拍而去远行，为了航拍而去打卡。所以当无人机代替物流运输，自动驾驶的交通工具可以上天下海时，我们的城市不再需要桥梁隧道和机场时，很多城市可能已经向海洋发展了。

至少在我们有生之年，无人驾驶的出租车、快递车等会在几年时间全面普及。未来不再有办公空间与居住空间的区别，因为你无论身处何地都随时可以与同事、客户、商家坐在一起商议，就是晨跑时也能一起讨论天下事。智慧、智能设备改变了一切！

生物科技让人的寿命快速延长，迫使人类居住地规模向外扩张、扩散。未来十年人类主要的宜居在乡村，城市将会出现一个空心化时代，这是信息化和数据化时代的必然。终端智能设备随着信息时代呈几何倍数的发展时，城市空间、格局会超越我们的想象力

而发生根本改变！正如在当代中国任何一个偏远的小山村一样可以在全世界买与卖，初级或萌芽状态的信息、物流（明天我们会笑物流叫摩托车、拜拜车时代）就已使电商时代让传统商业时代彻底被洗脑求变。因此对未来城市和人居场所我们无法准确预判，正如十年前我们不能想象只带一个手机可以走遍全中国一样，但明天肯定会更美好！

Q：您在建筑领域的理想是什么？或者说您想成为一个怎样的建筑师？

A：建筑空间是时代发展最好的物理空间展示厅。百年前，家里不会考虑什么电视墙、电脑房、空调、冰箱和烤箱。作为建筑师应是时代技艺的先锋军，对未来时代的发展应有一定的预判能力。

建筑设计师必须要与居民、学校、医院、工厂和无数企业家进行交往，本身就是一个社会及技术的集合者，因此，我自己认为设计师不仅仅是设计物理空间的建筑，而是在设计面向未来的生活方式。

我也总是在倡导设计师应首先是生活家，所谓的生活家应有对工作与生活的积极、阳光的态度，这决定了你设计的格局。不去远行就不知道什么叫风景，何谈诗意远方和田园牧歌。如果设计师不会做饭做菜，怎么能知道厨房与餐厅里的生活美学？因此在工业时代向信息化时代转变的时空，设计师的转型发展是必需的，至少思维必须更新。

我自己认为设计师至少应该是社会方方面面的参与者与阅读者，只有这样设计师才能用建筑或空间去传递使用者的生理及心理需求。当然我更希望社会各界也能理解和支持建筑师，并与设计师一同使我们的生活家园越来越美好、快乐！

建筑师 甘川

Architect
CHUAN GAN

我是一个不够聪明的人，如有机会测测智商，估计中等平庸，所以自知之明：『随遇而安』。

法国 PBA 国际有限公司执行总建筑师，法国国家注册建筑师，重庆市规划局专家库成员。

Q：您能谈谈为什么选择建筑学？或从事建筑行业的初心吗？

A：我们是"文革"后的第一二批大学生，年纪不小，考大学都是匆匆赶上末班车，谈不上选择，建筑学是什么，真的不明白，中学时期学习绘画只为今后少受苦，有个工作就好，不是为今后有机会读建筑学的，更多的以为能否去美院读书，出来画一辈子的画，哪知道时代变化那么快，我们还有机会参与高考上大学，由于数理化考得还算不错，那还是上工科院校吧，有点像汪洋中迷失的小船，太多的方向就等于没有方向，还是我高中的一位老师给我说土木工程才让我开始聚焦在"建筑"上，查阅院校，查阅专业，城市规划很明白是什么，工业与民用建筑很像搞建筑设计的，觉得应该是我想要的专业，后来看见"建筑学"这个陌生的字眼，一看就感觉像做学问的，没有意思，我不研究理论，头大！只是看见城市规划和建筑学两个专业要求有美术基础，感觉要把科学和绘画有机结合在一起，这一点打动了我，第一志愿就它了，就它了！说实话，那个年代的人，有机会上大学已经很幸运，哪个学校，什么专业已经不是最重要的，当初选择建筑学，一个最大的原因是从小喜欢绘画，而建筑学明确要求有绘画基础，我感觉我的绘画基础可以对我将来的学习有帮助，果然，在大学学习中以及后来在法国学习工作都受益匪浅，绘画不单是一幅画，它包含着对客观事物美学的审视，判断，感悟，理解和决策，美不是计算出来的，是感知到的。选择建筑行业是偶然，也是必然，它可以让我的绘画基础得以延续，它可以带我走向国外，到更宽更广的世界去认识世界，开阔我的眼界和认知，进入大学老师告诉我们一句名言，建筑是凝固的音乐，让我们倍感傲娇，想想都爽，凝固的音乐，我们正在学习，我们要为之而努力，努力谱写一段段城市建筑的乐章，那真的是太伟大了！选对一个专业，还能成为自己一生的职业，它正好是自己喜欢的，我非常幸运，在我的工作中几乎没有疲倦，时时刻刻都是在快乐中度过，工作得到的快乐是第一位，顺带赚钱养家糊口。

Q：您主要的研究方向是什么？

A：大学本科学习只是为了行业入门，研究生阶段是通过一个领域方向去学习研究方法，我硕士的方向是高层建筑设计，现在看来选题还是够准的，当时是 1984 年，这么多年一直是中国的高速发展期，重庆更是几乎有地都建百米高层，人多建设用地少，不得已而为之，尤其 90 年代初，中国建筑业，建筑设计行业红红火火，我却错过了，我在异国他乡做小房子，做住宅，做多层办公楼，十几二十年的工作经历以及自身的喜好，把我自然而然带入一个以作公建为主的定型建筑师，公建项目设计更具创造性，对自己很有挑战，建筑师的情怀在作怪，遇到住宅和公建项目需要选择的时候我会毫不犹豫选择做公建，对住宅创作不重视，也不屑一顾，事实证明我是错的，走在一条窄窄的公建项目的小路上，从公司发展的角度是千错万错，只做公建项目养活团队要费九牛二虎之力，弄不好一个公司的经营就会入不敷出，好的设计师招不来留不住，差的设计师又难堪重任，如此一来将会是显而易见的恶性循环。当时很少涉足住宅设计，慢慢自己对这一块也会开始生疏，因为没有业绩支撑，开发商很少找我，找我的也基本上是公建项目，想进入住宅设计领域也会越来越难，加上住宅需要大的团队，施工图及后期现场都要有经验的人驻场，我这个只做方案的团队就更没戏了，所以只能在公建设计的道路上艰难地爬行，越滑越远。在他人看来我们在做伟大的事，在努力创作城市的标志性建筑，殊不知渐渐地丢掉了住宅设计这块赚钱的大肥肉，很多人赚得盆满钵满，我的团队还在啃着几块大骨头，食之无味，弃之可惜，还好我有个很好的心态，做好自己的事，做好自己喜欢的事，其他事随缘就好，有个笑话，他人看我觉得我赚得盆满钵满，关键我也这么认为，哈哈，其实没有赚什么钱，温饱而已，但是我心情愉快，心态很好，这是最重要的，幸福指数不是用金钱衡量的，而是自我的感觉。

Q：从业以来您比较满意的作品（重庆的）是什么？

A： 我估计和很多有抱负的建筑师一样，一生中设计了很多自己非常满意的作品，却只能是一幅画挂在墙上看看。建筑从设计构思到建成要经历九九八十一难！哪一关出问题都会功亏一篑。甲方不喜欢，直接扼杀一个经历千辛万苦的构思于摇篮中，管理部门不喜欢领导不喜欢，使得一个好的构思止步于天亮之前，失败的教训比比皆是，这也是不得已，毕竟各自站的角度不同，也没有什么好指责抱怨的，能有一点点看得过去的都已经很欣慰了。西南证券公司在黄花园大桥加油站旁买了一栋旧办公楼需要改造，我们接手了此任务，由于我们的设计理念和业主不谋而合，进展相当顺利，最终结果除表面

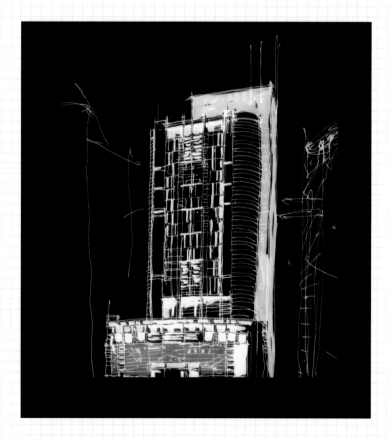

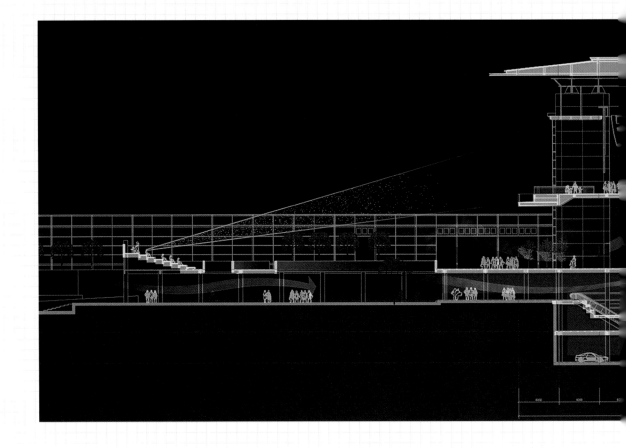

颜色稍嫌不准之外，其他的都还算不错了，这是万幸。重庆巾帼园项目，由于甲方是妇联，他们在建筑设计上肯定不是专家，所以他们认定我们是专家，就对我们给予了极大的信任，每一次技术会，每一次变更图纸，每一次施工现场出现了技术问题，以及面砖材质色彩都必须要我们到场一起讨论决定，最终这组中规中矩的建筑群获得了当年的好几个大奖，也算是对建筑师付出的劳动的一种肯定吧。建筑师要呈现一件好作品，会有很多因素影响，不像一幅画自己画完就是了，受到约束的东西很少，建筑，是需要庞大的投资支撑，需要合适的项目，需要你对此项目很有感觉，需要你的感觉符合甲方的感觉，在中国乃至全世界，建筑师说了算的时候寥寥无几，西方发达国家其实也是这样，几乎是甲方说了算，甲方的喜好是建筑创作的基础，甲方的喜好也许不是他真正的审美水平，往往牵涉到更多的是建筑之外的东西，他们还不一定会坦然地告诉你他的真实想法，比如他们更多的在考虑投资与回报，或这个建筑会对他本身带来什么影响，当然这本来就是最最重要的问题，我们往往忽略了开发公司是要赚钱的真理，没有几个甲方愿意为你的作品冒险，管理部门也不会因为你"张牙舞爪"的建筑冒丢掉乌纱帽的险，"稳妥"成了他们的第一选项，因此，纵观南北东西，千城一面，当然，最近几年一些城市也会冒出一些好的作品，虽凤毛麟角，但令人欣慰。

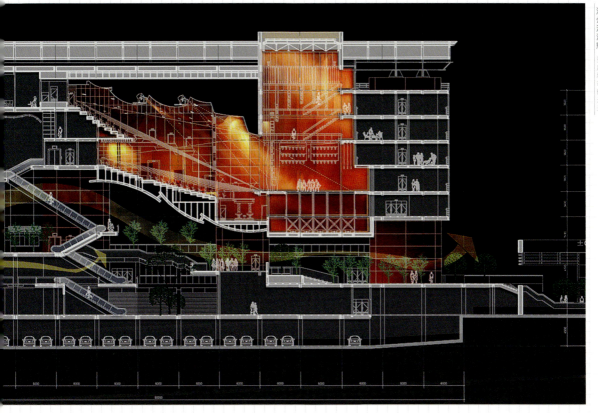

Q：就个人而言，您认为理想的建筑是怎样的？

A：理想的建筑是什么样？这个问题很复杂，一句话很难说清楚。不过有一句话，存在就是合理的，一栋建筑能通过层层围追堵截最终建成，必然有它的道理，建成为王！四十年的建筑实践，对建筑，对建筑设计的认识是有一个循序渐进的过程，建筑师一直在创作一件属于自己理想的作品，而这个理想迟迟不能到来，只怪自己生不逢时，运气太差，机会很多却一一错过，很多人会认为要是在国外，我们受到的限制就少了，殊不知，天下甲方一个样。甲方们可以把你吹上天，可以鼓励你发挥出你的聪明才智，努力创造出优秀的作品，可就对你提供几个甚至几十个方案草图一一看不上，建筑师应该有体会，建筑创作是一个非常痛苦的过程，在各种约束中寻找出路，当你以为找到了一个突破点，拿去甲方审查结果很快被枪毙掉，那种苦不堪言的滋味几乎人人有之，其实，作为一个项目，投资上亿甚至几十亿，这些建设费用在哪里，能不能有回报，可能他们的痛苦会比我们更大，我们只是没有实现自己的理想，认为他们不识货，浪费了我们的创作成果，而谁又能理解他们的苦衷？回到理想建筑的话题，我认为它可能是各方博弈求得的中间值，建筑师认为还行，甲方的诉求得到了满足，社会效益和经济效益都得到了体现，这应该就是理想的建筑，很早以来国家对建筑的定义"经济，实用，美观"其实真的就是对理想建筑最直接最简练的诠释。

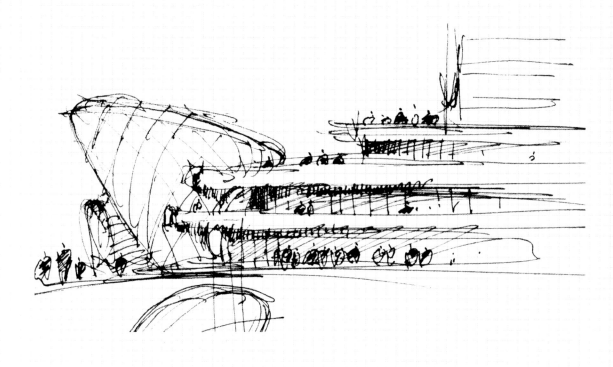

Q：能从建筑角度谈谈您心中未来城市发展的可能性吗？

A：未来城市发展的影响因素很多，很复杂，建筑师，规划师可以说话的时候其实并不多，一个城市是由城市管理者决定的，不是规划师说了算。作为建筑师，我从技术的角度截取一两个相关的话题来谈谈也可以，改革开放四十多年，城市发展进程可谓突飞猛进，我国经济实力的增强无疑是城市迅猛发展的助推器，"摊大饼"的城市拓展模式几乎发生在所有的大中小城市，尤其是平原城市，似乎是不可避免地进行着，从城市中心一环到二环三环，再到六环七环，一圈一圈的向外无止境地延伸着，当人口的高度聚集，交通，环境，生活质量出现问题的时候才会停下来思考另谋出路。这是盲目的，也是不得已的辛酸，也是没有办法的办法。我们可以以重庆为例，这几十年的城市发展，不惜毁掉最具特色的山城民居层层叠叠的吊脚楼来建了一堆高密度质量却很差的高层住宅，也不愿意保护好母城而是向北向西另辟蹊径，还好的是重庆地形特殊，大江大河，大山森林自然限制了城市"摊大饼"的发展模式，我们只能遇河搭桥，见山穿洞，几十年的城市扩展只能通过桥梁隧道连接形成多卫星城的唯一模式，天然的江河和天然的大山让每一个卫星城规模得到有效控制，城市处在山河之间，山河渗透在城市里，交通压力明显好于平原大城市，至少目前是这样的，我认为这才是未来城市发展的最好模式。对于未来城市发展的可能性，我认为不是我们能考虑的，不过我想由于科技的发展，智能化城市管理系统的介入，城市会回归到科学的轨道，能否提高人们的生活质量、居住条件仍然是一个城市好坏的重要标准，几百年前英国人提出的"田园城市"仍然是我们人类城市发展努力的方向，而重庆这座城市却已经自然而然形成了，只是应该提升到理论高度，去总结去引导和完善。

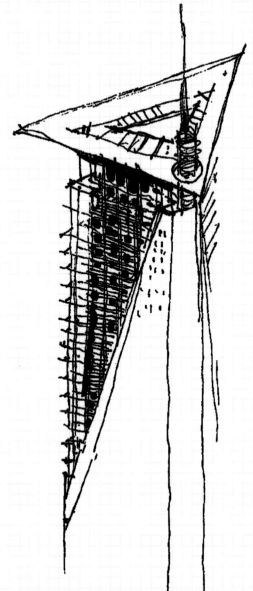

Q：您在建筑领域的理想是什么？经历过转变发展吗？或者说您想成为一个怎样的建筑师？

A：我这个年龄好像不再太适合谈理想了，哈哈！我觉得我是一个不够聪明的人，如有机会测测智商，估计中等平庸，也没有什么创造性思维能力，设计的东西也就那样，不丑也不美，不平庸也不惊艳，这还谈什么理想？没有！有时候灵光一闪的构思也许很快就会被自我否定掉，自己动手把它扼杀在摇篮中。当然，当我在一次次设计竞赛中得到认可的时候，我也会反思，难道这才是真正的建筑？几十年的职业生涯，理想的含义一直在变，在调整，然而最简单也是最大的理想就是你的设计，你的构思能得到业主，得到管理部门认可，顺利地得以实施，看见自己的进步，看见自己的不足，在漫长的建筑设计领域逐渐提高自己的设计水平。看见一栋栋自己亲手设计的建筑嵌入城市中，给这个城市带来一丝丝贡献而不是添乱，我的心就得以慰藉了。

建筑师

汤桦

Architect
HUA TANG

无论如何，建筑终不能完美地以自身范畴之内的语言来描述和表达其自身的含义。对于我，它仅为如此复杂的生活表象背景之上一个寂静的空框，它仅为使我进入自我的梦的一个最初的『门』。

重庆大学（原重庆建筑工程学院）建筑学硕士。重庆大学建筑与城市规划学院教授。高级建筑师。国家一级注册建筑师。深圳市城市规划委员会建筑与环境艺术委员会委员。创办深圳汤桦设计咨询有限公司、深圳汤桦工作室。

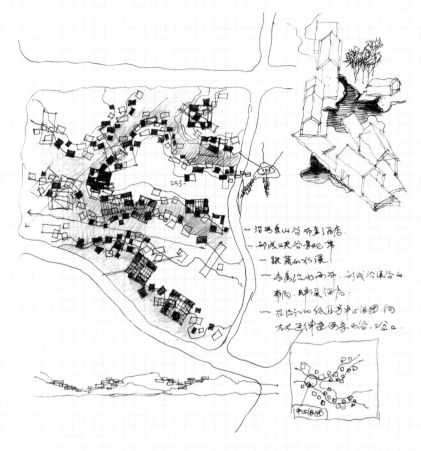

Q：您能谈谈为什么选择建筑学?或从事建筑行业的初心吗?

A：我是 1977 级，恢复高考的第一届大学生。那个年代崇尚的都是数理化，陈景润就是我们那一代人的偶像。所以恢复高考后，我填的志愿全都是数学物理这些东西，只有一个是建筑学。那时，我们还不知道建筑学是什么东西，有人跟我说建筑学挺有意思的，因为它是工程和艺术结合在一起。后来就被重庆建筑工程学院录取，现在叫重庆大学。

很多年以后，也难以忘记来到重庆建筑工程学院的那一天。上世纪 70 年代的初春，在薄雾朦胧的上午，从两路口到重建工，重建工在沙坪坝，沙坪坝在重庆。重庆是一座江边山城，城市是漫山遍野的吊脚楼。我们班来自天南海北，都是各地的超级学霸。班上三四十人，年龄参差不齐。最大的三十多岁，最小的才十六七岁。第一年的课程除了大家轻车熟路的数理化以外，突然出现了让很多人始料不及的素描，水墨渲染等课程。画石膏，风景写生，古典建筑立面表现等新鲜玩法接踵而来，让人手忙脚乱。

除了老师的教导之外，班里几个绘画优秀的同学，像赵洪宇、徐行川、刘家琨、华林、胡小滨等都成了老师的义务助教，我们喜欢看他们怎么画画，立马就学。这些课一学就是好几年，并成为陪伴一生的专业技巧。今天看来，这种布扎体系的基本功训练，还是有其非常积极的意义，至少可以用快速的草图来表达设计的想法。同时，这种美术式的教育也培养了审美和趣味，提高了对事物的鉴赏力，至今仍受益良多。

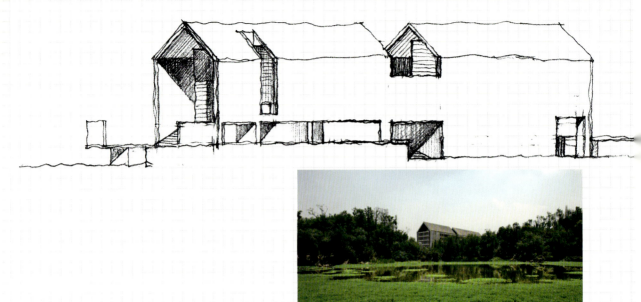

　　回顾重建工的建筑学，还真是个有意思的话题。重建工的老师来自于不同的教育背景，巴黎美院的布扎体系与德国的包豪斯学派在这里熔于一炉，加上本土化的多重误读，成就了独具西南的混搭一派。就像重庆的火锅，万千食材，无论东西，杂烩一锅，终成美味。所以才会说当年重建工建筑学的都是"野孩子"，自由自在，生机勃勃，各具个性，放荡不羁。如果按此势头疯长下去，很可能会一发而不可收拾。

Q：您主要的研究方向是什么？

　　A：记得在我们念到三年级的时候，尹培桐教授、邵俊仪教授，上课时谈到西方的现代建筑，日本的现代建筑，中国的现代建筑，中国的传统建筑，谈到四川的民居，重庆的吊脚楼，如数家珍。后来就迷上了各种各样的传统建筑，从宫殿庙宇到民居。也许我们这代人就是这样背上了十字架，感觉已经背负了传承中国传统建筑的重任。

　　作为一个在重庆接受现代主义建筑教育，同时又在重庆接受这座城市耳濡目染的空间教育的建筑学子和建筑师，我对重庆本土乡土建筑的感情是非常深厚的，充满热爱，充满乡愁。而我自己也迷失其中。比如磁器口，四十多年前有点像是重建工学生的精神故乡，尽管今天已经很商业化，已经很难体验到当年原乡的意味。

　　1981年第一期《建筑学报》，时任西南建筑设计院总建筑师徐尚志先生发表了《建筑风格来自民间》的学术论文，明确指出民居之于建筑创作的重要意义。他认为民居中表现出来的"民族特点和地方特点，都是经过当地人民在长期生活实践中逐步形成的。因而它最符合当地的实际情况，有无可非议的适用性和经济价值。由于它们都经过了长期的锤炼和实际生活的考验，建筑风格上也是比较成熟的"。他认为民间有取之不尽的创作源泉，民间建筑"有着像从地里生长出来的"真实性和自然感。

当年夏天，同学杨鹰告诉我和刘家琨，说是在成都附近刚发现了一个保存完好的古镇，于是在暑假我们三人从成都骑自行车，沿乡间公路，颠簸泥泞，行程二十多公里，终至目的。果然是青石铺地，古树参天，木构青瓦，河流清澈，民风淳朴。一番感慨，流连忘返，抄绘记录，走访询问。这就是现在已成为旅游胜地的古镇黄龙溪。接下来的日子里，重庆市内磁器口、临江门、望龙门、菜园坝等具有历史价值和风貌的地段都印满了我们的足迹。那些年，乡土建筑成了我课程以外的重要研究对象和最为神往的领域。

于是，在 1985 的夏天，我由重庆出发，进行了一次以学术为理由的"寻根之旅"。南下贵州，经广西至海南。然后沿东部海岸线北上，过江浙上海到达北京。继而从北京西出河北山西进内蒙古自治区，在呼和浩特离开铁路线，沿古长城遗迹漫游西部，历时两个月时间，直至新疆边陲。最难忘雄关漫道，大漠孤烟。山川浑厚壮丽，民风古朴纯真。风景真实而浪漫。记得在嘉峪关独自漫游，戈壁滩一望无边，直达天际。嘉峪关沧桑的城楼屹立在远方，吐着浓烟的蒸汽火车轰然而过；遥远的地平线上，是万里晴空和祁连山耀眼的雪峰。突然之间，心潮涌动，热泪盈眶。大地的魅力，土地的魅力，人与自然的魅力，在这个伟大的空间之中展露无遗。

于是，西部，民居与乡土的西部，就成为我内心理想主义精神的底色形式。

Q：从业以来您比较满意的作品（重庆的）是什么？

A：作为建筑师，我更愿意以一种工匠的方式去谈论建筑，而不是将建筑架空到一个宏大和空洞的层面去认知。于是，我所理解的建筑学就是：充分珍惜和使用资源，敬重每一个人的权利和尊严，在一个严谨和适宜的技术框架中，进行符合专业准则的空间营造的一项智力行为，我的所有的作品均以这个理念为原则。

以重庆云阳市民活动设计为例，其建筑以中国院落为基本元素，运用"九宫格"的形式组织空间，将九个院落形成整体。建筑似堤岸状阶梯联系山与水，与江岸堤坝融为一体，延伸至江边。人们可游走休憩于阶梯之上，极目长江东去。现代建筑的形式材料及建造技术与古老传统空间形制有机结合，创造出蕴含传统意境的建筑实体，表达沉淀在长江流域的历史文化精神和乡土情怀，继承珍贵的传统和市民的集体记忆。

又如，四川美术学院虎溪校区图书馆，建造从地点开始。四川美术学院虎溪校区本身散发着浓厚的乡土气息，建筑依形就势而建，道路蜿蜒于山水之间。图书馆的设计立足于校园自身的乡土性，取材于四川重庆地方的类工业建筑文本，如砖窑、仓库等，以一种简洁的形式屹立于山地和田野之中，如同大地上的砖窑，也像乡村的教堂，与校园已形成的中小体量、分散布局的建筑物形成对比，凸显其象征意义。

再如，璧山规划展览馆，由三个三角形几何体随着山势的跌落，围合出一个三角形庭院。三角形的内庭院作为完全开放的城市公园与湖畔连接。最高处建筑体量接近山势高点，正对主要的城市干道，三角形的斜边与东北方向的电视塔形成轴线关系。建筑体量的分解顺应着山势，形成跌落的形态和空间序列。室内观展的人们行走其间，视线可以通过庭院和湖面的景色进行交换，丰富观展体验。

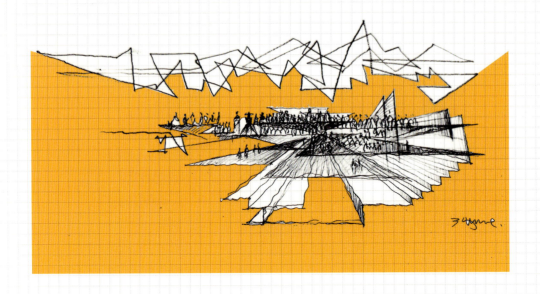

Q：就个人而言，您认为理想的建筑是怎样的？

A：曾经的西行在我的心中刻下不可磨灭的印迹，成为可以享用一生的精神财富，同时也为心中的理想主义建立起冲天的丰碑。在漫游的经历中，传统建筑所表现的理想主义色彩令人难以忘怀。遍布大地的民居是这个意义上一个最为动人的例子。

费孝通先生在《乡土中国》中写道："从基层上看去，中国社会是乡土性的。我说中国社会的基层是乡土性的，那是因为我考虑到从这基层上曾长出一层比较上和乡土基层不完全相同的社会，而且在近百年来更在东西方接触边缘上发生了一种很特殊的社会。……他们才是中国社会的基层。"由此，费孝通先生为我们描绘了一个文化的生态学图像，亦为文化沉淀过程的生动概括。

西部作为国土的腹地，几乎囊括了民族文化的全部精粹。我们的历史、文化、传统和民俗共同编织成一个宏大的乡土意象，弥漫于西部的宽阔疆域，广袤而浓郁，深厚而细腻。乡土中国在历史的层面上代表着我们的血缘，也代表着我们的精神家园。并且以无所不在的细节进行显现。这种渗透着古风遗韵的田园牧歌式的景观，在极端的意义上折射着隐藏于历代中国人心中的理想主义图像。这个图像颇具文人情怀，同时也由于沉淀于历史时空维度的复杂性而呈现出多元化的式样。一如韩少功后现代主义的马桥和威廉·福克纳（William Faulkner）荒诞迷离的西部世界。

记得许多当年在重庆街头常见的场景，老城门、上上下下的台阶、两边是不同年代的房子、非常有生活场景，就像一个大起居室一样。今天我们看它的时候，觉得这些房子破烂不堪，这么拥挤，似乎没有什么价值。但是我经常在想，如果说建筑是史书的话，那么这些房子就存在着当时的历史；如果一个几百年后的人来考察，它们在审美和其他意义上是具有同样的价值，是平等的。我们对现状建筑的评估也是这样，什么年代的房子，质量好不好，马上就可以用当代人的标准做出价值判断，但是不是还缺乏另外一种标尺来评价它们，是不是应该用一种历史和记忆的眼光来看待它们，才更公平一些。

地方的历史与文化，相对于全球化与体制化的现代城市与建筑学而言，似乎是两条不对称的平行的路线。全球化先天性地喜欢统一的秩序，简单方便的管理，可因循的条例与规范，以及参与者的共性和使用者的抽象性。地方的建筑文化则是来自于本土的特殊性，是源于最原始的建造本能，就地取材，量体裁衣，敬畏自然，顺势而为。都是经过当地人民在长期实践中逐步形成的，更加符合当地的实际情况，对于资源的使用有无可非议的适用性和经济价值；同时经历了长期的实际生活的考验；有具体的使用者，鼓励各种合理的可能性，充满民间的智慧和野生的活力。几乎就是我心目中理想建筑的样本。而在今天，全球化的潮流是如此的强大强势，而地方文化，则是不断退缩，日渐式微。

Q：能从建筑角度谈谈您心中未来城市发展的可能性吗？

A：我认为，在统一规范化之下的城市和建筑，是在一套严密复杂的约束条件下机械操作的结果。当我们以一种统一的、自上而下的做法应对类似重庆到处都是非标准的场地时，场所和地方的精神将会受到极大的挑战。当然地方性的规范和条例对于标准规范的补充和修订无疑是具有非常重要的积极作用，比如说我们的坡地建筑设计规范，我们的设计管理规定里面对日照要求的规定，这些几乎都是全国独一无二。

我一直相信规范和条例塑造了城市，它比建筑师更具有巨大的力量。它规定了一整套面

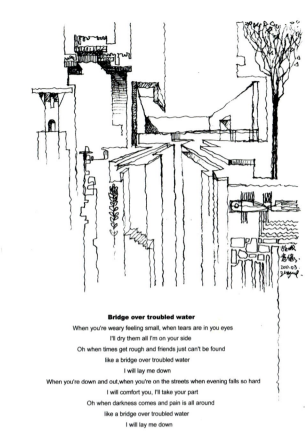

Bridge over troubled water
When you're weary feeling small, when tears are in you eyes
I'll dry them all I'm on your side
Oh when times get rough and friends just can't be found
like a bridge over troubled water
I will lay me down
When you're down and out,when you're on the streets when evening falls so hard
I will comfort you, I'll take your part
Oh when darkness comes and pain is all around
like a bridge over troubled water
I will lay me down

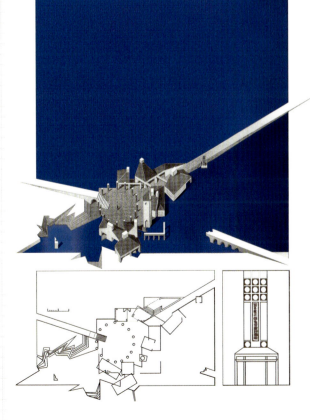

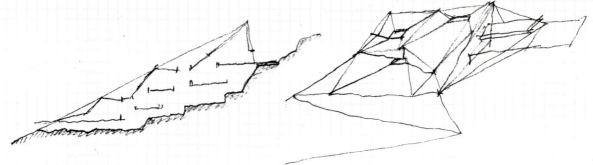

面俱到、无懈可击的、几近完美的空间营造方法、工法和空间的使用方式乃至于空间与城市的美学。它在某种程度上无意中导致了千城一面的单调乏味和缺乏生机，可以说是一种典型的行业内卷化导致的结果。而我们所看到的绝大多数充满地方文化和地域精神的房子，几乎都是生长在原有的城市土壤之上，或者是广大的乡村。这也说明了为什么"乡建"在当下的温度与魅力。这种野生的、自下而上的、充满人性的建筑学类型是地域文化的继承与保护的重要载体，其呈现的多样性和多元化往往是规范和条例缺席而产生的结果。

作为一位职业建筑师，在此并非是要贬低技术规范和条例的重要性，相反，要做的应该是在严格遵循法律的前提下，对统一的规范和条例进行专业性的追问和反思，正确理解其顶层设计的真实意图，进而发现和理解其中的逻辑和技术目的，尽可能地建立一个具有相当弹性和可调整性的规范框架，同时鼓励和健全地方条例，让中央和地方共同建设和健全这个设计规范，最终与地方文化和地域精神充分结合，进而创造具有本土历史文化内涵的当代建筑，使城市既有人工家养的茂密树林，更有生机蓬勃的野生荒原。

也许，对我而言，当下与未来，无不源于历史的纵深。而作为一个建筑师，所谓创作则均来自于历史文本的重新诠释。

Q：您在建筑领域的理想是什么？经历过转变发展吗？或者说您想成为一个怎样的建筑师？

A：我们每个人在我们内心深处都存在着一个梦，它描述着我们自己生活着的、充满爱和人情的世界。建筑，作为一个次文化的衍生物，梦被表达在其中。梦是我对建筑学最终的理想走向。

本来我们是在建房子，就像很久以前工匠们所做的那样，造非常普通、平凡和朴实的房子。后来慢慢地，它们就变成了一种复杂的东西，一种文化，一种高级的理论。而房子也就成了建筑，建房子就成了建筑学。尽管如此，始终有一种困惑存在于我心中，并且如此难以言说。

我认为，建筑学作为一个特殊的专业化技术理论，在相当程度上游离于大众对建筑的一般性理解之外。它绝不可能被简单地理解为艺术，或者其他类似的东西。由于其专业的技术独特性，使得建筑学在我个人的理解范围内成了一个难以用其他的理论话语对其进行定义的专业。

18 世纪德国著名浪漫派诗人诺瓦利斯（Novalis，1772—1801）曾经为哲学下过这样一个精彩而又如此文艺的定义："哲学原就是怀着一种乡愁的冲动到处去寻找家园。"那么我们可不可以说：建筑学原就是怀着一种乡愁的冲动到处去寻找家园。

『坦率地讲，我并不太关注表达的技巧或者技法，我始终认为有时心性的力量可能会更加强大。所以我常常体会那种叫『感觉』的东西，也就是那种『想成为什么的东西』。

建筑师
Architect
XIANGBEI LI
李向北

WACA 世界华人建筑师协会理事；英国皇家特许注册建筑师；同济大学建筑学博士；美国南加州建筑学院（SCI-ARC）访问建筑师。
XBA 向北设计机构创始人；埃克斯贝昂（上海）建筑规划咨询有限公司执行董事；深圳华筑设计机构董事；四川美术学院教授。

Q：您能谈谈为什么选择建筑学?或从事建筑行业的初心吗?

A：选择建筑学，或者选择最终在重庆完成我的建筑学本科和研究生学习或许是一种命运的安排。我小时候就和父亲以及一批川美的艺术家在重庆生活过几个月的时光。在那个从小生活在川西平原的四岁小孩眼中，重庆是充满神奇和魔力的地方，石板坡的坡坡坎坎，文化宫门口好吃的锅贴饺子，朝天门码头的轮渡和江水，形成难得的童年记忆。这或许埋下了我对这座城市归属和认同的种子。

Q：您主要的研究方向是什么?

A：2018 年我曾经做过一个叫"山崖之上"的小型个展，展览的名称源于英国著名小说家威廉·萨默塞特·毛姆 1920 年著作《在中国的屏风上》，书中描写的重庆是"一座灰色、阴暗的城市，笼罩在雾霭中间，因为它坐落在山崖之上"。这种文学中的魔幻气质时常滋养建筑师的灵魂，而把"山崖之上"的"上"译为 Above 而不是 On，是因为不仅仅想做形式技法的"上"，还想追求一种站在文学、哲学、城市精神等多维度的形而上的"上"。这大概算是我关于建筑的基本态度。

我对建筑和城市都抱有极大的兴趣和好奇。从专业的角度，我希望从现象学、形态学的方面去找寻建筑的本质，也希望做一些跨界的观察和思考。

我经常喜欢从文学和艺术的角度去溯源关于城市的记忆，比如对重庆的观察。就如刚刚谈到的毛姆的小说，小说的开头是这样的，"他们对这儿有个说法：太阳一照，狗就叫。这是一座灰暗、阴郁的城市，它笼罩在雾气之中，因为它屹立于山崖之上，两条大江在这里汇合，所以它周边为江水冲刷，有一边是混浊、湍急的水流。这山崖像一艘古代单层甲板大帆船的船头，仿佛为一个奇异的非自然的生命所拥有，竭尽全力地抖动着，它又像是正要加速冲进那奔腾的急流之中。崎岖的山峰将城市团团围住"。

显而易见，重庆这座山城的魔幻性发现不止始于近年的抖音，在上世纪的 20 年代到访过这里的西方人就已经感受到那种不一样的现实和状态。

Q：从业以来您比较满意的作品（重庆的）是什么？

A：我满意的建成作品大多与重庆这座城市有关。

重庆，这座山脊上的城市，独有的地形地貌、大江大山的雄伟格局，造就了思想的独立与设计的自由。从 1990 年代南湖半山的宾馆、2000 年代守望嘉陵江的洪崖洞、像大地基石一样坚固的 CCEGTower，2010 年代守望长江的慈云老街、再到最近落成的向未来致敬的悦来智慧岛，我一直试图用建筑去表达山崖之上的场所精神。

不管怎么样，洪崖洞（设计／建成：2004/2006）显然是我职业生涯中非常重要的阶段性作品。虽然我一直认为洪崖洞的社会学意义远大于它的建筑学意义。

在我看来洪崖洞的气质是重庆这座城市和它的山水赋予的，洪崖洞就像是一个微型的城市，一个可以生长的有机体，我们赋予它结构。建筑既然是一个有机的整体，理所当然就应该随时间变化，随季节重生。

我有时在想，洪崖洞的震撼其实是在城市尺度上完成的，如若没有这样一座充斥着林林总总高楼大厦的都市背景，洪崖洞将会是另外一种图景。洪崖洞恰好印证了吊脚楼建筑的坚毅、顽强和抵抗，从某种意义上，它也反映了对传统的反讽意味，用一种类似好

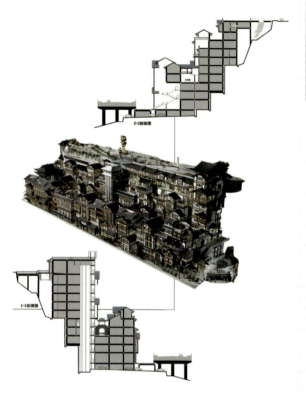

莱坞式的方式和后现代建筑的空间叙事结构，以其特有的符号，隐喻和夸张，将人置入一种曾经仿佛的生活状态。

洪崖洞虽然引起世人的广泛关注，但我认为具有如此丰富底蕴的重庆不应该只有洪崖洞，在我的设计创作生涯中也不应该仅仅只有洪崖洞。我试图为此付出努力。

路易斯·康在《静谧与光明》中这样讲：

"The Architect

一个人做事的方式是私人的，可是一个人做出来的作品可以属于每一个人。最伟大的价值存在于你无法拥有的领域里……你觉得你真正想奉献的是在下一个作品中……他必须不断地做下去。"

Q：就个人而言，您认为理想的建筑是怎样的？

A： 建筑离不开城市。自从三十多年前来到这里，我就在不知不觉中亲历和见证了这座山城所发生的巨变。我还清晰记得二十年前城市大开发的前夜牛角沱那爬满山坡的吊脚楼在雨雾空蒙中的场景。我始终认为，重庆的地域性或在地性几乎是一个不

是问题的问题，江河山水的格局几乎可以将所有风格的问题淡化。所以我特别关注这座城市在地形与文化上的独特性以及所建构的特殊氛围。

在我的个人经验中，建筑的过程是一个充满苦涩、艰辛与挑战，又充满惊喜的过程，其中有太多的不确定性与偶然性需要应对。好在我很享受这样的过程，因为有建筑的绘画（尤其是那些看起来支离破碎的建筑草图）和只言片语所构建的空间，那里是我沉浸其中的场所。有时对过程的喜好甚至超越了结果本身。

我非常崇敬作家莫言，因为莫言的小说能用通过直觉告诉你什么是真理。尽管高密东北乡是莫言虚构的场所，但莫言却能用文学的语言结合童年的经验，让幻境充满真实，这种超越逻辑、满足感性的表达正是建筑师应该追求的。

坦率地讲，我并不太关注表达的技巧或者技法，我始终认为有时心性的力量可能会更加强大。所以我常常体会那种叫"感觉"的东西，也就是那种"想成为什么的东西"。

Q：能从建筑角度谈谈您心中未来城市发展的可能性吗？

A：如果说重庆还有什么后发优势的话，恰恰就是它的空间资本。城市的空间资本，有别于传统的金融资本、货币资本，就如戴维所谓：历史积淀下来的文化和特定建筑的社会的和文化的环境特征所构成的"集体符号资本"，这种资本与独特的文化、传统和城市精神相关联，这种资本隐形地存在于城市的街头巷尾、公共空间、滨水景观等之中。

在这样一个城市更新的时代，我们以什么样的态度去迎接这样的资本，或许可以造就一个更为独特的城市的未来。

从艺术和人文的角度，当今中国的城市和城市公共空间已经足以支撑艺术在现实空间中的发育，从"城市更新"到"城市复兴"已经不再是乌托邦式的幻想。

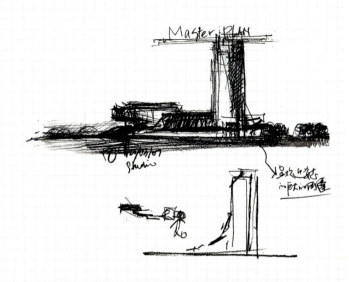

Q：就如您所言，建筑具有很强的在地性，作为立足西部的建筑师，能否谈谈您的体会？

A：这个问题很好，很多建筑师或多或少都有一些身份的焦虑。围绕您的问题和"西部地域实践"我想谈三个主题：

一、西部

西部的印记是具体的，那些茶马古道上正在爆发的城市、那些在丰厚历史传承中走来的城市、那些明净的高原、那些碧蓝的湖水、那些在灿烂或者忧郁的阳光笼罩下的大地……所有的这一切构成我们所理解的西部，一个在"西部"的整体概念下有着千差万别的具体的西部。

西部的概念总是和某种非理性、创造、拓荒和打破某种惯性的力量关联在一起，这也容易让人联想到美国的西部，那些六七十年代建筑界的"愤青"像 F. 盖里、Tom. 梅恩等终于立足在全球建筑的舞台，而梅恩在 SCI-ARC 指导学生时经常会不断追问世界其他地方的人会怎么想你正在考虑的这个问题。

因为感觉上的遥远，所以西部在过去往往是神秘的。由于建筑师的职业关系，我有一大部分的旅行是在西部的这些城市穿梭，重庆、成都、西安、兰州、昆明、大理、腾冲、贵阳、遵义或者邻近的湘西、武汉、长沙，这些同样是西部或者邻近西部的城市带给我迥然不同的生活体验，虽然城市的形态正在走向趋同，但空气和味蕾却经常大相径庭。

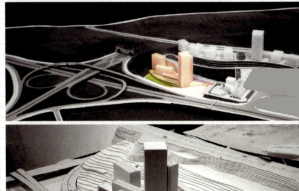

所以当我们谈论西部我更愿意将它和我主要居住的城市——重庆联系在一起，或许从自身的经验出发，我们更能感知西部的内涵。

二、重庆

可以说重庆是西部最具典型意义的城市。但有一个话题我们仍然值得去探讨，在过去三十年的迅猛发展中，如同大多数中国城市一样，这个城市也同样面临文化与传统丢失的危机，表现在建筑与空间的营造上，相对于重庆地形与文化的独特性所形成的特殊氛围，建筑从总体上讲并未实现整体的超越而呈现一种集体失语的状态。

尽管如此，我们仍然能在重庆找到那些具有当代意识的建筑作品，比如汤桦、家琨在川美的建筑创作，看起来并不张扬，但在内涵上极具先锋性，无论是家琨的雕塑系馆与黄桷坪电厂的对话，还是汤桦虎溪校区图书馆与传统农耕文明的对接，建筑师的手法（从空间的建构到材料的把控）都具有明显的个性及本土特征。

我前些年结合我的博士论文《论中国建筑的意义生产——从现代到当代的转换与重构》曾就中国建筑的现代性做过一些研究。作为中国当下建筑的一个缩影，重庆建筑的现象杂糅着复杂深刻的语境，重庆建筑要从整体上实现自我的超越尚需不断地努力与沉淀。

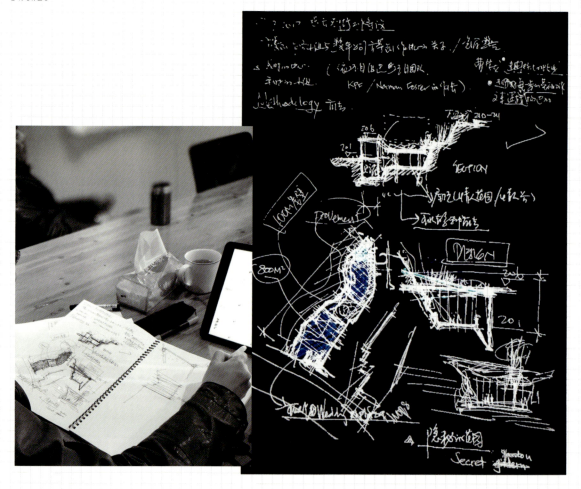

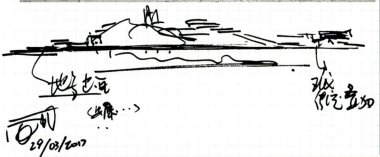

SUNSHINE 100 CHONGQING
CIYUN
ANCIENT STREET

三、边界的跨越：模糊的"东""西"

在全球化的语境下面，我们越来越关注地方的实践。"西部"也越来越成为一个开放的概念，在西部既有在地建筑师的坚守，像贵州的"西线工作室"，呼和浩特的张鹏举和温捷强，也有越来越多的外来建筑师的"入侵"，你可以在玉龙雪山下面看到李晓冬的"淼庐"，也可以在雅鲁藏布江的岸边邂逅标准营造的作品，在美妙海西的苍山脚下朱锫设计的杨丽萍的演出剧场也即将完工，袁峰给成都道明乡设计的"竹里"成为当地人休闲度假的首选，需要提前预约喝茶吃饭的席位……

每一位建筑师的作品都会是关于西部的画像，我们通过它们去更深刻地理解那个曾经遥远而现在并不遥远的西部。

从某种意义上，西部已经成为具有创造力的作品的土壤，而"东""西"的边界正在被打破。如果说这种现象对中国建筑发展有什么意义的话，那就是建筑既需要根植土壤，同时也需要来自外部的力量。

建筑师

Architect

唐庆

QING TANG

城市的气质体现在宏大的规划中，更浸润在每一处生活的细节里。用心装饰重庆，是探索的目标，是毕生的事业，更是不变的初心。

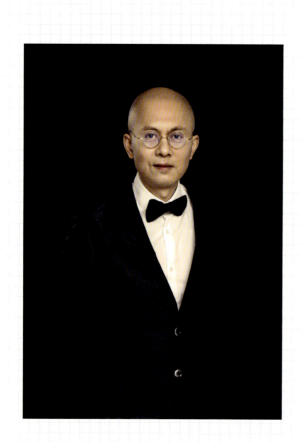

1990 年毕业于重庆建筑工程学院建筑系。重庆源道建筑创始人，教授级高级建筑师，国家一级注册建筑师，香港皇家注册建筑师。国家一级注册建筑师命题委员，重庆历史文化名城专委会委员。重庆十大科技青年，国家百千万人才，五一奖章获得者，重庆市劳模，重庆九龙坡区人大代表。

Q: 您能谈谈为什么选择建筑装饰业?这个行业是您的初心吗?

A: 确切地说,最开始是以"局外人"在观察这个行业,也正值 80 年代末 90 年代初,整个社会和城市都高速发展,大基建改造整个城市的骨架,城市更新变化巨大。出于职业关系,我更关注生活在这座城市里的人。因为一个城市活力和魅力不仅在于那些宏伟的大规划,还体现生活于此、发展于此的千千万万个人的精神状态,正所谓城市人文的微基建才能构筑城市的血肉和灵魂。

那时候我们发现身边的亲人、朋友以及大多数这个城市的建设者的居住环境似乎千篇一律。那时候很少有人接触到"真正的室内装饰设计",基本就是以满足基础居家生活功能,也就到此为止了。我那时候就在想,为什么不能用正规的、有品质的、有体系化的室内装饰来改善这座城市的居住环境?既然提出疑惑不如寻找答案,既然要寻找答案就躬身入局,自 1994 年,创办成立兄弟装饰以来,我们都一直致力打造的是能够代表重庆城市特色的居住空间和居住文化。秉承这一初心,就在这个行业深扎了 27 年。

Q: 在建筑装饰行业您主要的研究方向是什么?

A: 与建筑装饰行业这个领域专业学者相比而言,我关注的方向用"研究"来表达可能不太精准,我希望通过一个能够代表重庆品牌精神的企业来探索、实践和创造一个平台,以开放的视野、完善的供应链资源,以"家居设计"为基础关联,拓展泛家居业务,持续为重庆的家居消费者带来更丰富、更细致和更高品质的个性化家居服务。

随着城市经济的发展,生活在这座城市的人们无论在视野的高度、审美的广度还是生活的深度都有着质的改变。在城市化建设过程中,城市建筑、空间规划、道路网络等承

载了城市变迁的宏大叙事；而城市人文和精神气质则浸润在每一个微小的家庭环境中，每一寸空间都值得被尊重和表达。正是由于人们对居住空间的觉醒，室内装修消费升级，重庆的家居市场也迎来了空前繁盛。前几年特别流行一个说法叫"豪装"。这些豪装的家庭花高价采购建筑材料、家具家电或者装饰品。但是我们往往发现这样的装修总是不太对。这样一味地"豪华"并不是就代表着我们生活水平提高，审美、视野与国际接轨，反而是处处透露着"不协调和不自在"。首先，家庭居住环境的品质不是"珍贵的、稀有的材料"大量堆砌，环境与材料饰品的冲突感、材料之间的矛盾感将粗暴的豪装带来的所谓品质撕扯搅碎；再者家庭精神文化更体现在生活的每一处，家庭环境与人的气场相合、性格相契才能真正的感到舒适、自在。如果把每一个个体的舒适和自在进行放大和凝聚，才是这个城市的精神自信。

这也就是为什么我刚刚说到的，我们所探索打造全球泛家居服务平台，在开放的机制下，共享全球资源提升客户服务价值，这一切的基础都是要以"家居设计"为基础关联。用创意设计来实现家居消费升级过程中功能与审美、传统与创新、生活方式与家居文化的有效联结。

Q：从业以来您比较满意的作品（重庆）是什么？

A：以家居设计为关键动能，提升家居消费体验，也能为消费者带来更丰富、更细致和更高品质的家居服务和文化交流契机。在这一点上，我们也把"设计"这样一个看不见

　　的动能真正转变成一个可见的、可感知的、与城市共鸣的家居创意研究基地——位于大渡口的兄弟装饰创意工场。当然，也是兄弟装饰在家居设计、建筑装饰上的代表作。

　　这个具有浓烈 LOFT 工业风的独栋商业体，凭借粗粒质感、浓烈的波普风格的外观，强烈的视觉色彩让其在建立之初就成为重庆一个网红打卡地。正如这座城市一般，网红只是在当代网络语境下对城市符号的快捷表达，作为重庆的文创新地标，工业风、集装箱式空间、缆车卡座、轻轨车厢、火车头等无不展示着城市记忆；而整个建筑体将通过雨水生态设施、屋面绿化、建筑能耗分项计量系统、太阳能光伏发电系统、智能通风系统、建筑设备自动监控系统、非传统水源利用系统、节水器具、运用可循环使用材料等方式也凝聚着城市未来生活的构想。创意工场是兄弟装饰对重庆城市文化传承和城市气质的创新表达，凝聚着这个城市的品格和精神，是兄弟装饰为城市打造的文化空间和精神地标。

　　除了对城市文脉的传承与创新，创意工场也是兄弟装饰向"创意"致敬，打造的设计师乐园。设计创意是具有新颖性和创造性的想法，我们建立的创意工场，则是让这种想法实现的一个基地，以及灵感发源地和聚集地。对我们而言，创意工场作为创意型和艺术型工作者——设计师的乐园，充满了灵动性和可变性，真正将创意工场打造为"家居界的谷歌"。对外界而言，创意工场作为设计的体验地，也是家居装修体验中心，无论是消费者还是从业者，都可以在此体验到关于家居的种种，从过去到现在，甚至未来发展趋势，从装修历程到实景感受，全方位找到创意参考和灵感。

　　倡导设计价值回归，为消费者提供更美好的家居体验。我们之所以大手笔打造创意工场，就是想把这个项目作为兄弟创意设计研究院的最新研发成果的一次落地和实行，也是兄弟装饰在建筑装饰品牌交流和资源整合的集成地。创意工场作为一个开放设计平台，孵化创意项目，打造为集设计、创意、绿色能源、智能家居、全新的装修体验于一体的综合性创意基地，并将更多的体验转化普及，使每一个普通家庭都能够享受到更美好的家居生活，真正让创意改变生活。创意工场作为开放的平台，也作为行业交流、国际互动的基地，为国内外设计大咖提供创意交流、思想碰撞的优质环境和氛围。创意工场也为设计界带来一次全新的突破，成为重庆设计界、西南地区，乃至全国的标杆。

Q: 就个人而言,您认为理想的建筑装饰是怎样的?

A: 建筑装饰其实最终都是为城市生活服务,也最终是为在这座城市生活的人服务,以满足"人"的需求,就是一种理想化的建筑装饰。从我们家装而言,无论是城市空间还是居住环境,都能够自然而然地将人、物、情感融入到同一语境中,让人感到舒适和自在,这才是一种高级品质。其次就是这样的空间环境中能够实现空间与文脉相承,能够让人自在舒适地在同一语境中体现出人文气质,以精神的高度契合足以对抗时间流逝、流行转变、文化变迁,才能称之为经典。

这里说明一点,理想化本身因人而异,每个人对自己的生活、工作、环境的感知是不同的,这对于建筑装饰行业的工作者来说,我们对于"理想化"的追求是没办法得到客观的、标准唯一的验证。但我们可以去无限接近这份理想化的状态,将自己置身于家装工程的每一个生活场景中,大胆设想,小心求证,再通过体系化的全流程服务去帮助每一户业主实现这种理想状态,最终呈现出来的家居空间就是业主的理想居家环境,也是我们所追求的理想状态,这也正是兄弟装饰所提倡的"用心装饰"的品牌理念。

Q: 能从行业角度谈谈您心中未来城市生活的可能性吗?

A: 未来城市发展的想象空间是非常大的,作为社会的基本单元,未来的城市生活会以更高程度集中在我们的家庭中。不管是我的意志还是兄弟装饰的未来目标,我们都持续致力于为家居消费者带来更丰富、更细致和更高品质的个性化家居服务。如果将家庭当成是一个微缩版的城市系统,那么关于"更丰富"、"更细致"和"更高品质"的定义,我们也可以大胆地从人、生态、科技三个方面来设想。

首先是关于人的丰富情感需求,我们希望在未来的城市生活中,大众流行和小众审美的间隔逐渐缩小,我们尊重每个家庭的独特性,更尊重家庭成员之间每个人都拥有不同的空间需求。家居设计高度个性化,不仅在于千家千面,还要更细致地处理家庭成员之间的关联和差异,将服务的颗粒度再细化,以提升家居消费服务的价值体验。其次是生态,在未来的城市发展进程中,科技进步让生活、学习、工作、娱乐、社交等需求突破空间地域甚至时间的局限。人们置身于家庭空间的时间会大幅上升,家庭环境不仅仅是起居住所,必然会承担更多的社会功能,家居空间也必然延伸成为一个可持续的、健康环保的生态系统。在空间结构、物质材料、生活功能、家庭秩序、社会分工、文化习俗、情感满足等方面协调统一,以满足未来家庭生活的需求。

最后一个就是科技感,科技在引领城市发生着翻天覆地的变化,未来的城市生活中,万物互联、虚拟技术带来更便捷更丰富的家居生活。相对而言,如何挖掘每个家庭以及每个家庭成员的智能化生活需求,如何设计家庭生活中各功能互联,如何以便捷的方式、可控的成本、完美的交付、安心的售后来呈现这样的科技化生活方式正是我们所承担的使命。以家居设计为基础,持续更新迭代供应链体系,建设智慧生态全产业链泛家居服务平台,是兄弟装饰未来探索和发展的不变航向。

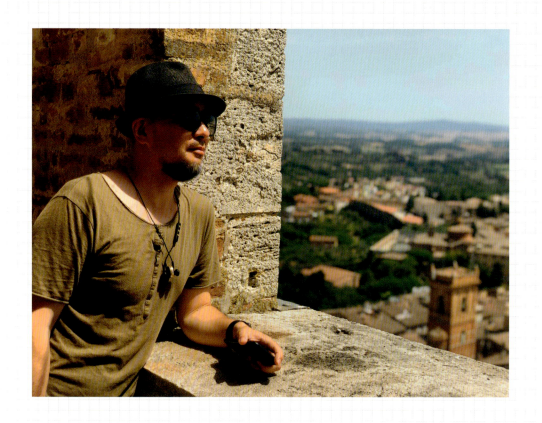

未来的这些建筑既是人类的居所，也是会『呼吸的森林』，让人与自然和谐共生。

建筑师
徐宁

Architect
NING XU

毕业于西南交大工业与民用建筑专业，2003 年至今为龙湖集团总体验师，供职于北京CCID 展览有限公司重庆工程建设总公司、重庆合信建筑设计院、重庆化工设计研究院。

Q：您能谈谈为什么选择建筑学?或从事建筑行业的初心吗?

A：我选择建筑学有点"耳濡目染"和"子承父业"吧。我的父亲曾经是航道工程局的总工,负责单位厂房和码头和职工住宅的设计和施工。小时候,我喜欢跟在父亲身后,发现他在图纸上画的框框线线,最后竟都能呈现为一幢幢实物,供人们使用、居住。自那时起我就认为,建筑学有意思、有趣,是一个化无为有、将想象化为现实的事业,能给人以成就感。并且,它能真正地为人们所用:我们设计出的建筑或许会陪伴某些人的一生,它最能贴近人的生活,关照人的精神。

Q：您的主要研究方向是什么?

A：绿色建筑及人与建筑的关系。

从 80 年代到今天,这三十多年来,我见证了国内建筑行业多次转变的过程。改革开放初期,由于当时的经济状况,那时候的住宅,强调使用功能,满足基本居住需求,更是谈不上环保、节能,随着经济的发展,我们更加注重保护环境,减少污染,为人们提供健康、适用和高效的使用空间,与自然和谐共生的建筑。

我们的建筑就应该要会"呼吸",和大自然共享心跳和脉搏,例如,无能耗的被动式"空调系统"、新风系统、流通空间,悬挑空中花园等,这种建筑才可持续发展,能长久地存在。建筑设计的思想强调建筑不仅是一种工业化产物,更应该是与生态环境相融合的可持续使用空间。未来的这些建筑既是人类的居所,也是会"呼吸的森林",让人与自然和谐共生。

我的另一个研究方向,是人与建筑的关系。建筑是凝固的艺术,建筑是文明的缩影。建筑和人组成了城市,建筑又服务于人,人、建筑、城市相互共存。城市的生命在于质感化的记忆,城市就像一块海绵,吸汲着不断涌流的记忆潮水。我能够记忆起的是在这个城市月光浮动的冰冷冬夜里,我们在吊脚楼上喝着温暖的饮料吃着麻辣的火锅,这是我们自己能够体会的城市。建筑是我们记忆的场所,那些由线条、色彩构筑的力量与美,是城市的眼眸,也是历史的脉搏。好的建筑能与人对话,与人共情。

Q:从业以来您比较满意的作品是什么?

A:我大学毕业之后,参与过大型化工厂的设计、到进入国企参与大型城市旧城改造项目,再到参与龙湖在全国 40 多个城市多业态的地产开发;每一个作品的完成,都会给我带来新的收获和感悟,坚持自己,不断学习,对设计的理解从空间到内心,遵从内心才有好的设计,满意的作品一定会是下一个。

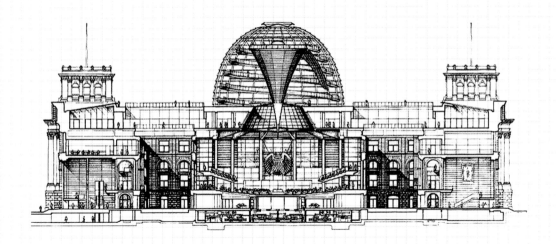

Q:就个人而言,您认为理想的建筑是怎样的?

A:我理想的建筑是构建人与自然联系的空间,是时间、空间、自然与人的联结体。一个建筑应该是充满自然地丰盛,关照生活的初衷,从建筑本位和单体层面都回归生活,回归自然,造就以人、以生活,以自然而不是以建筑为中心的场景,同时,提供健康、适用、高效的使用空间,最大限度地实现人与自然和谐共生。

例如像德国柏林的国会大厦,它利用环保科技的手段,让一幢百年老建筑焕发了青春,具有超强的生命力。2018 年,我有幸目睹了这幢充满故事的建筑,新的钢结构玻璃穹顶恢复了天际线,夜间通过内部照明更加晶莹剔透,让原本建筑的厚重感及压抑感多了些轻松和开放感,使穹顶和原有的建筑立面关系达成新旧共存,尊重历史原貌,顺应当今社会的发展。玻璃穹顶使阳光可直接进入大厅,同时在穹顶中央设置倒锥形玻璃体,将阳光均匀地洒向室内各个空间,白天几乎不用再增加人工照明。大厦的通风系统设计

也是相当精彩。议会大厅的底层走廊是整体进风口，而穹形圆顶的倒锥体则是出口。新鲜的空气被引进来，低缓均匀地散发到大厅的每个角落，最后带着室内的混浊空气从顶部的倒锥体中空部分排到外面，完成整个建筑的换气过程。另外大厦的侧窗也是采用双层玻璃的设计，外层主要是起保护作用，内层则可以调整局部气流循环。整体上根据气流的运动规律，合理设计其循环通路，保证了大厅内部的空气质量。

人在大厦里活动感受到的是和室外一样的阳光及自然的空气，人其实是喜欢接近大自然的。

此外，我国的建筑师贝聿铭设计的日本美秀美术馆，也让我倍感惊讶。这座美术馆建在山中，与地形地貌结合得非常完美，为了不破坏当地的山体环境，贝老将大部分建筑都置于山体里，建设时挖去了山上的植被和土壤，建成后，又将植被还原到建筑中，不仅没有破坏自然、不突兀，反而完全扎根在自然里。使得建筑就像是地里长出来的一般，同时建筑更能实现低碳环保。这种方式应该非常适合重庆的地理特征，可以多多地借鉴。这些都是我认为理想的建筑。

Q：能从建筑角度谈谈您心中未来城市发展的可能性吗？

A：我觉得未来城市，面临着两种可能性，也可以说是两种选择。有机更新将成为未来城市发展的主旋律，一是学习法国、德国、英国等国家的先进做法，把城市发展外扩，保留老城，同时拓展新区，做一个新城市中心；二是"穿插"，新旧结合，不拆除旧建筑，适当地增建一些老建筑在功能上有所缺失的城市配套，也就是城市更新。

城市更新也有讲究。对常年在外出差、四处考察的人来说，我们看到的大多数城市，遍布现代建筑，叫人满目都是玻璃幕墙，城市景观千篇一律。我认为，其实每个城市，都像是一个有个性、有故事的人，都有自己的成长经历和特点，老街旧巷、老建筑不可或缺。我们对老街的更新，也不应"昙花一现"，不是只粉刷一下老建筑外表皮、打好灯光就作罢，还要把市政管网梳理好，建筑内部也修好、用起来，做到有纵深的更新。城市中的老街应该有活生生的人居住；老建筑也应有实用功能，让其"动"起来、"活"过来。

Q：您在建筑领域的理想是什么？经历过转变发展吗？或者说您想成为一个怎样的建筑师？

A：其实每个建筑师心中都有一个梦想，那就是拿出一个全世界都能叫得上名字的项目，我也不例外。2017年底，我去拜访了我的偶像建筑师扎哈·哈迪德在伦敦的工作室，设计小组向我介绍了她包括大兴机场在内的几个作品。她的建筑天马行空，充满幻想，外表常常是流线型，打破了常规的建筑形态。并且在这样一个看似不规则的建筑内部，做到了系统明晰，功能齐全，井井有条。我更愿意我的作品也能达到这种境界。

作为一个重庆人，我还有一件想做的事，那就是让原住民们"回归"渝中区。从前我们住在这里时，临窗能看见长江，窗下还有黄葛树自由生长，出门就是"爬坡上坎"的山城步道，随处可见人间烟火，邻里和谐，充满温情。如今，高楼大厦好像把人与人之间的

距离拉远了、隔绝了，又将每个人都紧紧地包裹起来，"恒温恒湿"地圈养着。其实，人们需要空间去感受风、雨、阳光、花草，贴近自然。

渝中区虽是目前重庆最繁华的地段，但它的内巷却十分安静，适宜居住。我们只需完善内巷的市政设施，修缮住宅，就能使它成为"老重庆"们存放乡愁的最佳之所。散落在街巷里，被弃之不用的"坝坝"，甚至能被做成一个个小花园，由邻里邻居共同照料。如此一来，都市人的生活节奏也慢了下来，社区环境也其乐融融……就像这样，做到关注人的感受、增进人的距离、丰富人的生活和场景，也是我作为一个建筑师的理想。

建筑师
Architect
WUTONG XIE

谢吾同

聚落是建筑文化的起点。聚落载负着人类基本的建筑活动，充分展示着人类智慧与想象力，是人类的生命之舟与精神之寓。

建筑规划园林专家；聚境建苑主持建筑师、艺文者；"中国当代优秀青年建筑师"称号获得者；美国麻省理工学院（MIT）城市发展与规划第 33 期研修员与访问教授（国家公派）；香港〈A+D〉（国际建筑设计杂志）特邀创刊主编；"中国新建筑文化建构"探索者；有论文约 50 篇、著作多部、科研多项、指导学生参加国际或全国性设计竞赛多次获第一名或一等奖；有诗词楹联、散文随笔、书法、绘画与摄影作品等。

其他较代表性设计，在规划与城市设计方面，有北京天鸿社区、广东新会南新城（珠江枢纽新城启动区）、广东南沙新区、武汉 CBD 永清片区、成都三环沿线、内蒙赤峰新城等；建筑、室内与园林设计方面，有欣园、澄轩、大平坊以及湖南本庐、上海海上东阁、浙江中能会所、凤凰聚落等。

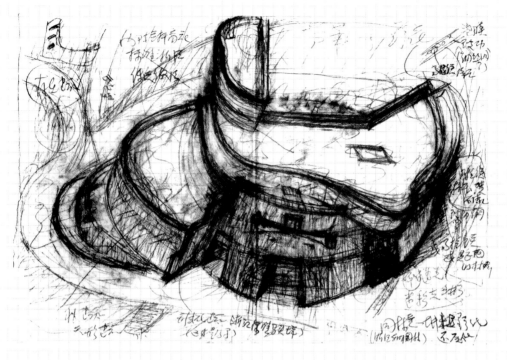

Q：您能谈谈为什么选择建筑学？或从事建筑行业的初心吗？

A：1983 年进入"重建工"学建筑，纯属偶然。当时，因高考出意外影响了考试发挥而使我放弃了原拟填报的四川大学应用数学专业。那时我崇拜华罗庚并了解川大一名教授的应用数学为国家贡献不小，而我从小崇敬的五叔谢惠堂画家又在川工作。无奈中拟填从小就喜欢的农学，也因崇拜袁隆平，理想是离湘较近的华南农业大学，又因比我考得好的其他同学要填报该校而作罢。后在招生报纸上看到排在后面的"重庆建筑工程学院"的"城市规划"专业，感觉需文理兼容适合于我，因我高中曾获过地区奥林匹克数学竞赛第一名；学理科的我在高考前被校长点名猜当年作文题并写成范文发给所有考生。当年"重建工"的"城市规划"只在湖南招 5 人，我估计一般人不敢填，于是，就填报此志愿并进入了"重建工"。

当接到录取通知得知进校要"加试素描"后，我赶快跑到邵东新华书店去查"素描"是啥，竟发现是和数学的"立体几何"差不多，心释然了些。进校后的考题是"你家的房子"，刚好我在 1975 年参与了我家"石山园宅"从相地到建成的全过程，记忆较深，考试通过了。却没有想到在 8 年后的 1991 年，我的速写画被中国近一百年建筑界速写大选集《建筑速写》一书的主选者、梁思成的高足、北京大学教授曹汛先生评为全书中的"最佳之作"。这让我切身体会到了诗歌、文学、美学、哲学、书法等对艺术的重要性，真的诗歌乃文学中的文学，而文学是艺术之母，书法则是艺术中的艺术。

学建筑后，才发现我外公家族与小姑父家族，其实都是土木世家。外公家族做当地传统青砖土砖建筑；小姑父家族多有从县建筑公司出来的，擅长新式红砖砖混建筑。我家的"石山园宅"下部为红砖墙，一层阶廊上方还用了当时乡村建房罕用的混凝土梁；上

部为土砖墙，此屋即是两亲戚家族联合建成的。我父亲一生弄过几次房子都是请亲戚做的。而且，小姑父家族又是木匠世家，还带出了我家兄弟。所以，我算是一直受到了土木建筑行业的熏陶，这对后来学建筑有一定的促发吧。

进"重建工"后约一个月，我即确定了我的建筑初心——开拓"中国新建筑文化建构"这一有意义的事业。其间，两个事件促成了这一决定：一是我阅读勒·柯布西耶（Le Corbusier）的名著《走向新建筑》时受到的震动，柯布西耶的理想与激情鼓舞着我；稍后的另一事件则是当时关注到已困扰中国建筑界与影响中国城市形象近一个世纪的关于"中国建筑传统与创新"及"中国城市与建筑向何处去"的难题与学界百年间几番兴起的激烈讨论。

Q：您主要的研究方向是什么？

A：我主要的研究目标是结合中华传统文化、地域特质文化、先进文明文化的中国新建筑创作理论与实践即"中国新建筑文化建构"；研究的切入点是历史性聚落、园林与山地建筑等；而研究的方法则是将跨学科阅读思考、现象学式的旅察体悟、历史现场的解读、理论的构建与设计创作的试验实践等融合渗进；研究领域有聚落、乡土建筑、山地建筑、新城市、文创文旅等。

针对以上目标，按照早年拟定的计划，我初步经历了"读万卷书、行万里路、沉悟史海、艺苑沐韵、中西碰融、建筑教化、著文立说、历验实践、根源山地"等9个环节。在1990年初，我在初著《心性之旅——聚落环境之意义》(该著被双院士、清华大学教授吴良镛先生在其总论中国近一百年建筑探索的论文《乡土建筑的现代化，现代建筑的地区化——在中国新建筑的探索道路上》里引为除国际著名学者和吴院士本人的参考著述外的唯一参考文献)中建立"聚落观"及提出与论述了"完全建筑观"的基础上，后来又从东西方人本哲学的追问启示，切入到对建筑本质归属的较长时间、较深入的思索与实践，建立了"场境建筑学"及总结了自己的"山地建筑学"。

与此并行发展的是，我一直爱好古典诗词、文学、书法等，因很早就觉得我们是处于传统文化教育断代地带，谈传统文化总是有点隔靴搔痒。在立志开拓"中国新建筑文化建构"后特别是师从赵长庚先生甚至毕业留校后，我更加注重了传统艺文的习练，有诗联歌赋数百首与散文随笔百万字及书法绘画和历史建筑考察摄影无数。中华艺文的韵味淋漓尽致地体现在诗词、书法、绘画里，有此功力的建筑师，才有更多可能赋予其创作以"中国味"。

Q：从业以来您比较满意的作品（重庆的）是什么？

A：我的营建实践较多地集中于重庆，并与自己的理论研究，具有较强的联系与相互印证性，呈现出较强的主题性特征，如根据自己的营建创作试验实践结合理论的学研，较早地总结并撰写出了以下8个探索主题的论文成果：1.现代聚落城市；2.现代山地建筑；3.现代干栏建筑；4.新巴渝建筑；5.新文人园林；6.新文人居；7.中华古典园林法则的现代转译；8.诗化建筑。

我对巴渝建筑精神的系统性探索始于1988年春夏。在莱崔（Rattray）教授等的指导下，对临江门旧区的更新研究深化了我对"重庆味"的把握。在此过程中，我撰写出当年即发表的论文《一种随意意识——重庆临江门旧区场所精神浅探》奠定了自己对重庆营建的基本理论认识，也成为自己"新巴渝建筑"设计创作试验实践的指针与起点，完成了一系列作品，如早在1994年获得台湾成功大学与洪氏文教基金会举办的第6届"国际华人建筑优秀人才奖设计竞赛"一等奖选址于邹容路处，对景"解放碑"的"乡土的回响——陪都民俗博物馆"创作方案，这些都更增强了我探索新巴渝建筑文化的信心。

再如，我们的"现代山地建筑"的主题探索方面，曾经应重庆市规划局约稿撰写发表的《现代山地建筑理论与实践探索》一文则是将自己在这方面的部分设计实践成果作了理论总结。其中，我在项目策划与设计，并多项原创性地开启了住宅空间创新与品质运动的庄院式聚落社区"坡月山庄"，营建之初的1996年中秋之夜，为找灵感爬上当时还十分荒芜的项目基地山顶，于观星赏月中吟出"悠悠坡上居，岁岁月照明。梦入星河汉，天地一枕眠"，并以此展开设计。在此结合坡地特征并用低造价首创了中国的无平层小区，

其建筑室内结合地形与地方住居空间习俗而组织错、跃、掉层空间,其休闲空间设置与布局方式、车库设置方式、建筑外观等,亦迅即在房市成为经典沿袭至今,其建筑的色彩搭配也成为流行。后来很久才知因我们一些较典型的山地设计项目而被当时抬誉为"现代山地建筑之父",乃未曾料及,殊为过也。

我早期较满意于1996年秋设计的位于南山的"松风居",它融合了"山地""干栏"(吊脚)"巴渝""现代""生态"等概念,并以唐诗诗化的意境,概其构思而营建了"诗化建筑"。构思过程中一个夜深人静时分,我伏案运笔,清风徐来,新月饰窗,场境意象更清晰地集结,建筑诗意似已通过空间运筹与细节意匠熔冶炼成······有意无意间吟哦并在纸上写下了:

风梳松叶过,云漫碧峰删。

雨滴庭阶润,月圆满南山。

而与自然同构同在的场所品质的构筑,正是本设计所着力之处,"风""云""雨""月"集体参与了这座建筑的营构:那为风之体验及看庭前花开花落,而自然化出的庭中透明玻璃顶盖的松风亭;那为打望周遭峰峦云卷云舒的高高露台;那为中秋赏月而横展的长廊台,以及便置酒盏的宽宽的护栏顶盖;那为晨起入庭感会"巴山夜雨"的一弯折青石板路径;以及那灵感来自中华书法中"折笔外拓弯钩"如弧月、回环襟抱控势的高高在上的阁楼屋顶······这是第一次,由一首自吟的中华古体诗,而完整营构的中华式的建筑构成的中国现代建筑,她轻柔地嵌入基地环境,转释中国传统空间语言、融冶诗情画意······

成为自己认为的"中而新"的现代山地建筑，算是率先的拓荒性尝试。

其他较有代表性的设计，在规划与城市设计方面，有广东新会"南新城"（珠江枢纽新城启动区）、广东南沙新区、武汉CBD永清片区、成都三环沿线、内蒙赤峰新城等；建筑、室内与园林设计方面，有"大平坊"、澄轩、上海"海上东阁"、杭州"中能会所"、湖南"本庐"、浙江"凤凰聚落"等。

其中有设计作品入选《中国当代优秀青年建筑师作品选·首卷》《中国青年建筑师·首卷》（20人列第6）《世界美术集·华人卷》（香港）等；并作为重点设计案例被收入"高等教育'十二五'全国规划教材"与"高等院校艺术设计专业系列教材"《设计基础——空间设计初步》等等。

Q：就个人而言，您认为理想的建筑是怎样的？

A：我认为适合的建筑就是理想的建筑，在文化的最本质意义上，它应建立起与自然、历史、心性的内在关系或结构。我初步创立的"场境建筑"即是融合自然、历史、心性而衍生出的内在的"建筑关系"，是回应自然世界、集体记忆及个体经验的诗化交织。当建筑创作激情地、诗化地融融着回应自然世界、集体记忆及个体经验于一体时，理性与感性的界限会模糊，创作的自由则会延伸，意义自会凸显。而建筑的基地与环境则是创作灵感的诱因。当建筑适应自然的气候与景象时，建筑便获得了生命性循环。建筑是人和自然之间富有诗意的协调者。

我以诗书为园林；我以诗书为筑韵。我深切地领悟到诗词、书法、绘画等中华经典文化对营建的滋润，总结撰写过《诗书画影悟筑韵》等长文，提出与实践了包括"新文人园林""新文人居""诗化建筑"等主题的"艺文建筑"。近年来，对"儒释道"特别是对其中"心性"说的再学习与领悟，深化了自己对营建学的理解，总结撰写了《再问"心性"》长文，最终走向"心性之筑"。

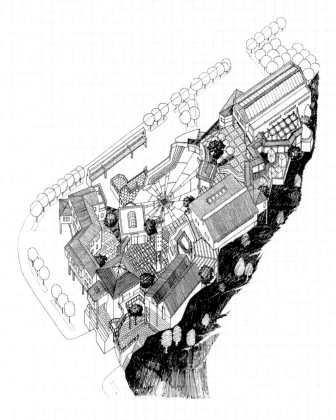

Q：能从建筑角度谈谈您心中未来城市发展的可能性吗？

A：在我心中，聚落化、场境化、艺文化、心性化，是城市发展应该有的未来。我在1987年撰写的《走出建筑文化的困境》一文中就提出了"建构起一种能真正体现地域文化本质的建筑与环境意匠新理论"的必要性与重要性。

在重庆从事建筑规划园林研究与探索近40年，跟随了著名的规划园林建筑学家赵长庚教授10年，感觉已进入这座历史文化山水名城的内在世界，特别是在1994—1995两年，作为课题实际负责人与主研者受重庆市规划局委托承担完成了《重庆市城市风貌景观保护与发展规划研究》后，对其地方特色与营建智慧有了更深刻的认识。该项成果部分被贯彻到了城市建设中。

2000年以来，我应邀陆续在主流媒体发表了《弘扬巴渝文化，建设山水城市》《城市格局大整合》《干栏建筑的空间想象力》《房地产开发与城市形象创造》《渝中半岛城市空间发展与房地产前景初探》《十年城市发展与住宅建设》《巴渝文化探索》《保护地貌特征，为塑造山水城市作贡献》等数十篇系列文章，进一步细化、深化与梳理了自己关于重庆营建的认识，也算为重庆这座历史文化山水名城的营造略尽了点绵薄之力。

城市发展与营建的路还很长很长。只有当城市再次被人性化地、自足地组构成为内在有机的现代聚落城市空间场所，并能让市民可自在地顾盼与打招呼、便宜交流和从容地行走于大地，仰望星空，方有可能重建未来的幸福城市。设若都市里普遍性地呈现出了邻里的、宁静的、园野的场境景象时，幸福城市的感觉便开始滋生于市民心中了。

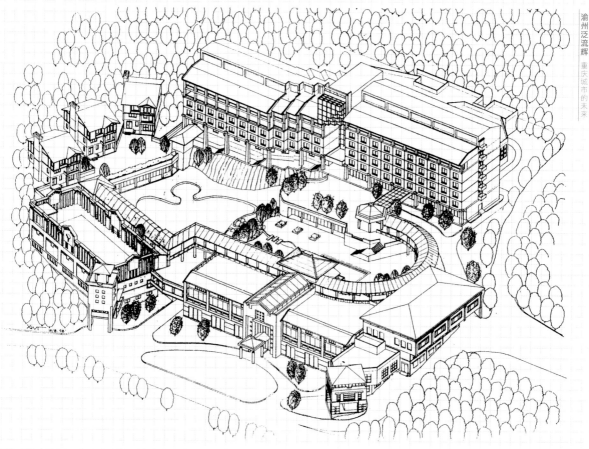

Q：您在建筑领域的理想是什么？经历过转变发展吗？或者说您想成为一个怎样的建筑师？

A：我的建筑理想或初心就是"中国新建筑文化建构"。以建筑空间传递文化理想，创造美丽愉悦的诗化场所，当是建筑师的真追求、真价值。我一直信奉着名建筑师阿尔瓦·阿尔托的价值观：建筑师的任务是重建一种健康的价值秩序。

建筑学是工程技术、人文艺术等多学科的交融，且是与社会广泛碰撞的实践角色。建筑师应有广博的知识、深刻的洞察力、思想力、基于历史、现实与未来可能性的丰富想象力与缜密的逻辑力。因此，能成为因特殊机缘、资源等而有所成的建筑师已属不易，至于对建筑文化做出贡献的平凡平民建筑师则犹需时日。

文化自然是文火慢化。只有立足于文化真实性的高度，才能走出形式的迷途。只有融合本土地域文化、民族经典文化以及世界优秀文明文化的新创造才能获得持久的生命力。

建筑的愉悦

The Pleasure of Architecture

博士后阶段师从吴良镛先生的杨宇振教授，是重庆建筑界和学界的一个另类人物，他深受吴先生"融贯的综合研究"观念的影响，在建筑和城市历史等多个领域有所涉猎。

他经常和学生说："一个人的知识结构应该像摁钉一样，有一个宽的面，搭配一个尖的头，才能有受力面将钉子摁进物体当中。"这样的思辨，一直贯穿在他治学、教学和建筑实践中。

我尝试单独邀请他撰写一篇文章，就是希望在此书的结尾，让读者们阅读到另一重境界——重庆建筑界的学者们，不仅有专业领域的精深，也有向其他领域交叉和融贯的广博。

——戴伶

愉悦是生活的目的，是生命过程的需要。

建筑师
城市研究者
Architect
Urban researcher
YUZHEN YANG

杨宇振

重庆大学建筑城规教授，博士生导师。中国城市规划学会学术工作委员会委员。中国建筑学会建筑师分会理事、城市设计委员会委员、建筑评论委员会委员。著有《历史与空间：晚清重庆城及其转变》(2018)、《资本空间化：资本积累、城镇化与空间生产》(2016)、《一公里城市：日常生活、危机与空间生产》（即出）等。

巨变年代中的"建筑在"

　　"建筑在"是我杜撰的一个词。它在表明建筑本身状态的同时，背后隐藏着、活泼或者机械重复着经由建筑生产和使用过程中"建筑者"和使用者的状态。它是一种相互关联、紧密互动的共同状态。其中立刻浮现一个尖锐问题和深层困境，"建筑本身的状态"能够和"建筑者"、使用者的状态分离吗？能够和人的状态分离吗？它们不是一个总体事物在不同局部的表现吗？它们之间的关系如何？如何定义建筑本身的状态？有这样一种状态吗？这种状态会被建筑的视觉形象所覆盖或遮蔽或扭曲吗？还是它就存在于建筑的生产和使用，包括从平凡的日常到喧嚣异常的网络传播过程当中？它是各种蒸腾着的热切目的、肥厚欲望的结晶，还就只是坚硬墙体构成的无表情容器，可以调节温度度数的机器，包裹（Hold）着职、住需要的各种来来回回、大大小小的活动？"建筑者"关心建筑的总体状态吗，抑或是把它当作供应品，或者商品来生产（以完成被安排的任务或者谋求高额利润）？或者，只把它视觉形式上"最美"的一瞬定格（他自认为的，或者他遇到的它"最美的一瞬"），在网络端传播以求谋得这个或者那个？有着各种各样的使用者，他们能体会、理解或需要理解建筑的状态吗？他们会维护用心的"建筑者"的创造还只是随意处置，任其脏乱和混乱？换一个角度，"建筑者"用心安置（Fixed）下来的建筑状态应该怎样随着各种不同的使用者需要的变化而变化呢？"建筑者"本身就是个由各种不同人构成的多义词，有这样的可能吗？更进一步说，建筑的状态能够促进人们之间交往和相互理解，能够激发他们在某些时刻的感悟，甚至是内心的触动吗（提出这样的问题，实在已经是一种苛刻的要求了）？技术的快速迭代更新和建筑、"建筑者"，和使用者之间有什么样的关系？"建筑在"为何而在？建筑、"建筑者"、使用者三者之间的关系如何共构了某种变化着的状态？

作为社会分工之一的规划师、建筑师，他们首先是社会的人，同时也是建筑者的一部分和城市空间、建筑的使用者。他们是整个大生产机制、机器中的一个链条。他们向外如何认知一个巨变的社会？（他们需要主动认知吗？还只是安全地、舒适地、气壮地驻在圈画出来的领地里？）向内如何处理自己、城市空间、建筑和使用者之间的关系？他需要灵魂出窍般地反观自己吗？内与外并非没有关联。恰恰相反，感知、理解和批判性认识变化中的世界是具体实践中创新的来源，才不至于仅仅成为工具。作为社会分工的一部分，成为工具是一种必要和必然，但作为人，大概还要超越工具，对于工具应用的社会性，对于工具的限度有所反思。或者说，他不仅要在工具的尖锐性上用功，他更必须对这把工具在整个工具群的位置、作用、社会效应等有辨识，对于整体工具群的运动目的、作用有批判性思考。他当然要养家要存活，但他不应只作为工具而存在。他的思辨性和自发性是"建筑在"的一种必要。

人有适应变化的限度。巨变过程使人焦虑，显现在日常生活中的各种事件和细节当中，成为一种状态。巨变年代的"建筑在"，需要在过去、现在与未来之间寻找可能的道路。它需要打破表面繁荣却异常沉闷的帷幕、打破坚硬的惯性，从更大的时空范围来检讨自己。它需要知晓历史，却不能山寨历史，销售历史，也不能沉浸历史，尽管勾住历史往往在巨变的年代中给人一种安定感和身份感，如在狂怒的汪洋大海找到一个立足岛屿。尽可能去认识完整的历史是观看自身的一种必要，但着迷于沉重的过去往往难以迈开有创新的勇敢步伐。"建筑在"的目的在于让人意识到自己的存在，体面地、愉悦地活着，同时，如果按照本雅明的说法，不恐惧。它很显然只是一个乌托邦，但值得为之践行。

建筑的公共性与愉悦

建筑天生具有公共性。或者说，建筑处于公私之间的边界，它同时具有两种属性，对于人而言都是必然的需要。公与私并不具有绝然的、完全清晰的边界，和人群的构成及其关系边界相关。某一群体内部的"公"对于外部群体即是"私"；而"人群"的范畴在不断变化。在更深的层级，公和私相互嵌套，在公之中有私，在私的群体中形成公，展现出复杂、有趣和困扰的状态。把私插入公，或者公介入私，都是经常发生的"僭越"。比如，在风景优美的公地上出现了私人的房产，或者，如乔治·奥威尔曾经谈到的诸多状况。在一栋有"公共属性"的大房子里，对于所有使用者而言它都是一个谜和迷宫，一个有"特殊的私"按照某种社会层级关系堆叠构成的"公共"大房子，很可能即便是隔壁的房间也从来没有能够开过门，看过里面的状况，更别说遥远的隔层的、顶层或底层的房屋；在一"私有"的公寓里（用"公寓"来表示由私居的集合，是一件有意味、值得探问的事），承载有各种强烈意图的图像、声音、影像、文字等通过电视或手机粗暴地、肆无忌惮地介入到私人的空间里，拉裂了、裂化了家庭内的交流——一屋子人坐在一起，各看各的手机，各联系各的人是常有的现象。公私边界的变化、游移状态，也就决定了作为边界构成的建筑，它的公共属性和私有属性的游移状态，它的状态。名词意义上的"公共建筑"，是指具体功能（如某些行政功能、或者文化活动功能等）为公众服务的建筑（事实上仍然定义模糊），却往往有着僵硬和严格的空间管制边界；它是在既定时间内公众有直接目的行动发生的建筑（普遍趋势下它对于人群行为和往来的监察管控越来越严格），却并不代表着"建筑的公共性"。它只是分工社会中执行社会性、形成社会功能性运作需要的产物。"公共建筑"在根本意义上不具有建筑的公共性是可能的状态。

什么是建筑的公共性？建筑的公共性是"建筑在"的核心构成。建筑的公共性在维护私的权益基础上最大程度提供建筑可能的公共化和共享，它努力促进人与人之间、人与自然之间的交往，促进人自我意识的偶现，在高度分工的社会中，为各种人群提供偶遇、邂逅、交谈、交往的可能——或者说，在一个高度分割和分隔的世界中，提供打破坚硬隔离的可能。它还可能内嵌有对于当下社会性问题的思辨，对于社会公平正义、环境危机的思考，以及在根本层次上对于人存在状态的反观，进而内化在物质实践过程中（如何把理念与物质生产相结合，是关系复杂的、博弈的过程，但如果缺乏社会性思考，这一过程就只是工具性行动）。它同时也认识到人对于空间尺度感知的有限性，从这一意义上，它拒绝超大尺度空间。它高度承认和维持私的权益，尊重私的权益，但它抵抗公共资源、公共风景、公共空间等的私有化。它同时也抵抗具有强烈意图的建筑奇观化和视觉表演——或者说，在形式与内容、交换价值与使用价值之间，它倡导后者，但并非不考虑前者，而是拒绝前者对后者的支配状态。它不意味着形式僵硬地追随功能，它理解功能与形式之间的复杂、多义关系，理解可能的创造性存在对于两者关系的深刻认知之中；但它的出发点是从社会性关系，从促进人与人、与自然之间的交往出发，而非形式本身出发——形式是社会性关系考量基础上的创造性结果和表征而非出发点。这是一个根本性差别。

　　建筑的公共性很显然不仅是建筑的物质状态。物质状态是社会行为发生的实体支持和基础，它的社会性使用、它内嵌的和倡导的对于存在世界的观念，共同构成建筑的公共性。也就是说，物质的、社会的和精神的（价值理念）交互作用的辩证关系，共同作用和构成建筑的公共性——它是一种整体状态，而非建筑的物质状态。从这一点上讲，作为专业者的规划师、建筑师，作为在局部工作的专业人，有所参与却不能控制建筑的公共性，因此它无法仅限定在本身狭隘的专业领域中来讨论；作为专业者的他参与生产、他在生产过程中起到消极或积极的影响（什么是消极、什么是积极仍然是可以讨论的议题），但当投入使用后，作为生产链一环的他已经和自己曾经参与生产的这个物剥离，这个物既是社会性的产物，新生的它，新生的物接着要进入到连绵不断的社会性过程当中，回过头来作用于个体人、作用于社会人群（包括各种专业人）。"作者死了"（和文本的生产不同，建筑的"作者"是数量众多的作者共同撰写，是充满合作与冲突的"写作"），"作品"也就交由管理者和使用者去处理、使用和解释。从另外的一个维度看，建筑的公共性一端连接着政治、经济、社会共构的宏观问题，一端连接着建筑在具体使用的细腻经验和感受。它经由微观层面的实践和操作，试图在宏观与微观之间为人的意识存在、人的自发性提供可能的空间——是多种可能性中的一种。然而一个物质形态上公共部分开放的建筑，在使用过程中通过各种大小密集的规定、规章、法律等来严格限定人的活动内容、轨迹等，来强力规训人的行为，是建筑公共性的一种普遍状态。如何生产出新的建筑公共性于是成为重要议题，它关系着日常生活的质量，关系着人的存在状态。

　　人既希望独处也渴望交往，同时在独处和交往的过程中获得愉悦。愉悦是生活的目的，是生命过程的需要。独处相对可以自我控制，而交往是社会性的活动，进而积极的、相对自由的交往是愉悦的必要。建筑的公共性是总体社会公共性的重要构成，是人在日常生活中获得愉悦的一种必要途径。

建筑实践

空间的多义性和风景

空间具有多义性。一个被指定特定目的的建筑，并不必然只能有这种功用，这意味着围绕着它所需功能，还可以有其他价值用途，特别是生产建筑的公共性，为人的各类活动提供可能。从这个意义上，这一特定目的的建筑在满足它自身用途的同时，通过为人群提供公共活动空间而得到某种意义上的提升。

基于这一考虑，石柱中益乡便民服务中心与农贸市场试图通过提供功能并不十分明确的"模糊性"大空间，容纳各种不同的乡村活动；它既可以是特定场期的市场，也可以是非市场时期村民干晾谷子的场地。在特定时期，它已经成为乡村婚礼的场所。它还可以有着各种活动的想象和使用。同时，建筑通过屋顶的可达、可活动、可观风景来实现它的公共性。

连接的价值和意义

连接创造新的可能。连接不仅是一处与另外一处的沟通，一人与另外一人的联系，或者一群人与另外一群人的往来，它其实经由 Connecting，消除原来不能连接的困境，并经由连接产生出某种可能的新东西。创造总是存在于异质性要素之间的关联、冲突和交融之中。同时，在一个被各种分隔的世界中，连接的极端重要性使其本身成为一个重要节点。

石柱中益场镇的蜜蜂桥连接了被河流阻隔的两岸人群和各种活动，人们不再需要绕一大圈才能到达彼岸。作为节点的步行桥，同时也成为孩子们在课后嬉戏、游玩、奔跑的地方，成为大人们停留、闲聊和聚会的场地，感受一种闲适的愉悦。夜幕降临，湛蓝色的夜空下亮起灯的步行桥成为场镇中神奇的一景，启发着孩子们的想象力。

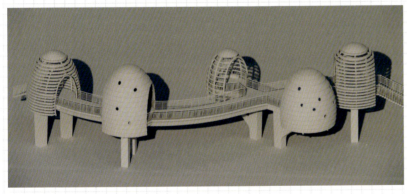

看风景和成为风景的建筑

风景就是一种资源。美丽的风景是一种稀缺资源。享受风景是人生愉悦的一种路径，是人与自然连接，进而转换为人与人连接的一种方式。自古以来，看不同的风景引起各种情思，或思人或思乡，引发诗意进而留下各种文字。从这一意义上讲，它就是人自我意识偶现的一种表现。卞之琳在《断章》中说："你站在桥上看风景，看风景的人在楼上看你。明月装饰了你的窗子，你装饰了别人的梦。"看和被看是一组互动关系。在风景中的建筑本身也应是美丽风景的一部分，而不应煞风景。

　　柏芷山的"观己台"建造在山中的一个高处,有如帕特农神庙建筑在隆起的卫城上。它在跌落的山地间为人们提供一个"坐看云起时"、静看夕阳暗的平台。平台的意义不是平台本身,而是在特定环境中一种人与自然,人与人之间的连接介质。常有人在这个风景眼处大展双臂,面向连绵大山高声吼叫,释放情感。或者,在山间金黄明灭之时,孤独静坐或两人携手看日落。它已经成为风景中的风景。

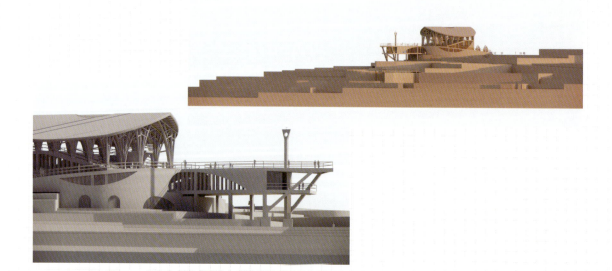

参考文献

REFERENCES

开疆拓土的城市大扩展参考文献

九年来之重庆市政 [J]. 重庆市政府秘书处出版社 ,1936.

谢璇 .1937—1949 重庆城市建设与规划研究 [J]. 中国建筑工业出版社 ,2014.

《重庆历史地图集》编纂委员会 . 重庆历史地图集 [J]. 中国地图出版社 ,2013(6).

重庆市渝中区委员会宣传部 . 寻故渝中 [M]. 重庆出版社 ,2020.

破旧立新的城市大改造参考文献

邓蜀阳 . 走在十八梯 [D]. 中国建筑工业出版社 ,2011(8).

龙灏 . 城市最低收入阶层居住问题研究 [D]. 中国建筑工业出版社 ,2010.

《再见 十八梯》《你好 化龙桥》《永远 朝天门》,2009—2019.

不断生长的城市天际线参考文献

刘春智 . 山地城市中高层建筑对中央商务区空间形态的影响及其适应策略 [D]. 重庆大学 .

潘冰 , 江滨 , 摩西·萨夫迪 . 微型城市主义设计大师 [J]. 中国勘察设计 ,2015(2).

摩西·萨夫迪 . 摩西·萨夫迪设计基本原则 [J]. 世界建筑 ,2011(8).

肖振 . 高层建筑空间的城市化设计策略探讨 [J]. 城市建筑 ,2021, 18(12).

洛嘎 . 换个角度看重庆来福士广场建筑 [J]. 重庆建筑 ,2021,20(7).

张蕾 . 城市之冠——重庆环球金融中心设计简析 [J]. 重庆建筑 ,2018,17(8).

朱立刚 , 卢玲 . 重庆"嘉陵帆影"二期超高层塔楼结构设计挑战 [J]. 建筑结构 ,2012,42(10).

朱立刚 , 张志强 , 梁金桐 . 重庆"嘉陵帆影"二期超高层塔楼设计与研究 [J]. 建筑结构 ,2012,42(S1).

以人为本的城市新路径参考文献

支文军 . 社区空间文化结构 : 城市社区更新规划的新理念 [J] 时代建筑 ,2021,8.

冯美文 , 牟江 . 山地城市慢行交通规划初探——以重庆渝中半岛山城步道系统规划为例 [J]. 城市建设理论研究 : 电子版 ,2014,6.

梁晶 , 卢菁 , 徐千里 . 滨江山地城市广场设计原则浅探 [J]. 新建筑 ,2000.

徐千里 , 胡玲熙 . 面向实施的城市规划编制探索——以《渝中区步行系统专项规划》为例 [J]. 江苏城市规划 ,2019.

后记

POSTSCRIPT

建筑灵魂

The Soul of Architecture

人类是第一个被驯化的动物，在和城市、建筑打交道的时候，我们很快会忘了具象的建筑，就如同时间久了，你会忘记另一半的模样一般，而聚焦一个模糊的轮廓——那些城市的印象。

在沉浸于"重庆母城发展三部曲"漫长的十年余间，我面对的建筑是乡愁，是外面下大雨里面下小雨的房子，是一碗回锅肉香了一条巷子的邻里，那时的我关注的是群体利益，群体空间，群体记忆，而我不知道当自己聚焦于某一栋建筑的时候，发现了更多对城市历史发展留住的历史遗珍，那是建筑师骚扰的手绘图和建筑师思想的隐匿，还有各行对于专家论证的会议纪要，最终这些绘成了我们的新的城市文本——《重庆母城建筑口述史》的三部曲，其中挖掘了难以忘却的千年经典，串起了流光溢彩的大师遗珍，展望了城市新未来的渝州流辉，或许这不是最后一本，它足以燃起了我们从建筑向公共空间和城市未来的探讨的乐趣——因为生在此城中的每一个人，我们不仅关注于当下，更关注未来。对当下的探索，是为了看清城市生活的本来面目，对未来的思索，才是我们明天活着的真正追求。

建筑的空间逻辑变出万花筒般的需求，刺激着我们的欲望，大城市成为过去的需求，也成为未来的诟病，我们在探索城市发展的内在逻辑时，关注城市更新，关注社区规划等细小甚微的学科。

这些正被当下人们所热衷的小领域、微空间，是否孕育了我们城市发展的内在基因，这需要时间去论证去更新。我们是建筑档案的挖掘者，城市发展的记录者，在从建筑往城市发展的探讨过程中，我们发现了人、建筑和城市之间的关系，也正在悄然发生着微妙的变化，于是我们峰回路转，再次聚焦和建筑和城市相关的群体——建筑师，向他们抛出我们的问卷：建筑师的理想与理想的建筑。

答卷的方式千奇百怪，答卷的内容多元丰满。我再次被附着在建筑本体形态思想和建筑师个人魅力撞得眼花缭乱，不但从建筑本体上触摸到了建筑的温度，也窥探到了建筑的灵魂。近半个世纪的建筑师们我们不能逐一诉说，我们只能在 40 年代，50 年代，60 年代，70 年代，80 年代选择建筑师代表参与到话题中，他们对建筑的定义，对重庆这座城市的理解完全不同，恰好丰富了这本书的后半部分内容，也留下了我们对建筑和城市的多维度思考。

早年认识的旅法建筑师甘川老师，当我看到他未能实施的国泰大剧院的设计里透着浓郁的传统戏剧脸谱时（张枫老师认为：第二轮国泰大剧院设计，甘川的作品最有创意），我很难与十多年前穿着洋装，叼着雪茄的他关联在一起；拜读过向北老师《魔幻的城市》《意义的建构》等文献，看过他的《山崖之上》的建筑文献展后，我才真正读懂了向北老师"心性的力量"。向北老师曾经讲道："洪崖洞这件作品属于这座城市，我们可以逐渐淡忘那些付出过心血的人的劳作，但却无法拂去建筑在生长过程中所产生的持久的感染力。"汤桦老师从深圳回重庆日程特别满，两次邀约，他把交谈的地点放在了新开街十八梯，希望在黄葛树、梯坎、川东民居之中，找到最适合他的话语主权；王亥老师是一个新锐前沿的设计师，我们尝试通过无数次的沟通都不能达到理想的效果，只能冒着疫情的危机，去成都面对面地交谈，他以一个成都街娃的方式，给我们解释什么是"设计师并不是书本教出来，好的作品可以让人找到文化身份"；在与兰京的多次交流中，了解他是一个非常热爱重庆山城这座城市的本土建筑师，说到无人不知，无人不晓的朝天门广场和解放碑重百商场，很多人都不曾知道，这两个项目都出自当时只有三十余岁的年轻建筑设计师兰京之手，作品中能看出一个本土设计师是如何将自己的青春热血融入到这座城市之中；作为"中国新建筑文化建构"探索者的谢吾同老师，年轻的清华高材生弋念祖，还有我们没有采访到的众多建筑师，他们所有建成的建筑都已经成了既定的事实，在他们心中的那些未成的建筑到底是什么模样，这才是真正值得我们去反思的，那些未建成的停留在图纸上的建筑符号，恰恰直击到了他们的初衷与灵魂。

依旧是摸索，这次真是三番五次地调整，这本书几乎是以摸着石头过河的方式，完成口述历史的采访。鸣谢所有采访对象给予的无私理解，鸣谢所有优秀建筑师给的图像和文本，在这个魅力无限，充满生机的城市里，我们花了三年时间探索建筑到城市，再到建筑的关系，无非是对这个城市的尊重，理解，呵护。

新开街的十八梯留下了《十八梯和我》文中那三棵黄葛树，那是被拆迁对象赵华明离开十八梯唯一的期许，其实每个重庆人心中，都种着一棵黄葛树，或是某个建筑，或是某个街巷，或是走过城市的每一条路。

城市更新能让我们看到城市的未来，这是不可逆的城市未来，而城市的人文未来从来不取决于物理空间的更新，而取决于生活在这个社区的人们对美好生活的向往，素养的升华。

不忘来路才能更好前行！

仅以此丛书，为重庆建筑或城市，留存少许记忆。

戴伶

辛丑年戊戌月丙辰日